■景　观■

■ 国家重点保护动物 ■

国家一级重点保护野生动物
大熊猫
Ailuropoda melanoleuca

国家一级重点保护野生动物
林麝
Moschus berezovskii

国家二级重点保护野生动物
藏酋猴
Macaca thibetana

国家一级重点保护野生动物
大灵猫
Viverra zibetha

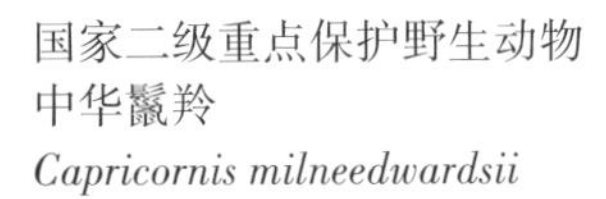

国家二级重点保护野生动物
中华鬣羚
Capricornis milneedwardsii

国家二级重点保护野生动物
红腹角雉
Tragopan temminckii

国家二级重点保护野生动物
黑熊
Ursus thibetanus

国家二级重点保护野生动物
小熊猫
Ailurus fulgens

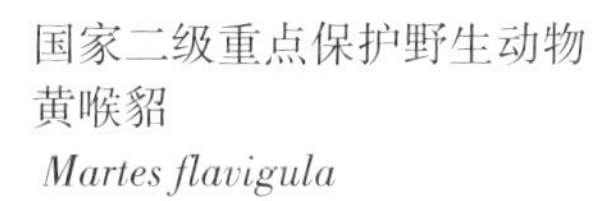

国家二级重点保护野生动物
黄喉貂
Martes flavigula

国家二级重点保护野生动物
白腹锦鸡
Chrysolophus amherstiae

国家二级重点保护野生动物
血雉 *Ithaginis cruentus*

国家二级重点保护野生动物
大凉螈
Liangshantriton taliangensis

凤蝶科　三尾凤蝶
Bhutanitis thaidina

粉蝶科　黑纹粉蝶
Pieris melete

粉蝶科　橙黄豆粉蝶
Colias fieldii

蛱蝶科　黑脉蛱蝶
Hestina assimilis

蛱蝶科　弥环蛱蝶
Neptis miah

粉蝶科　无标黄粉蝶
Eurema brigitta

四川黑竹沟国家级自然保护区位置示意图

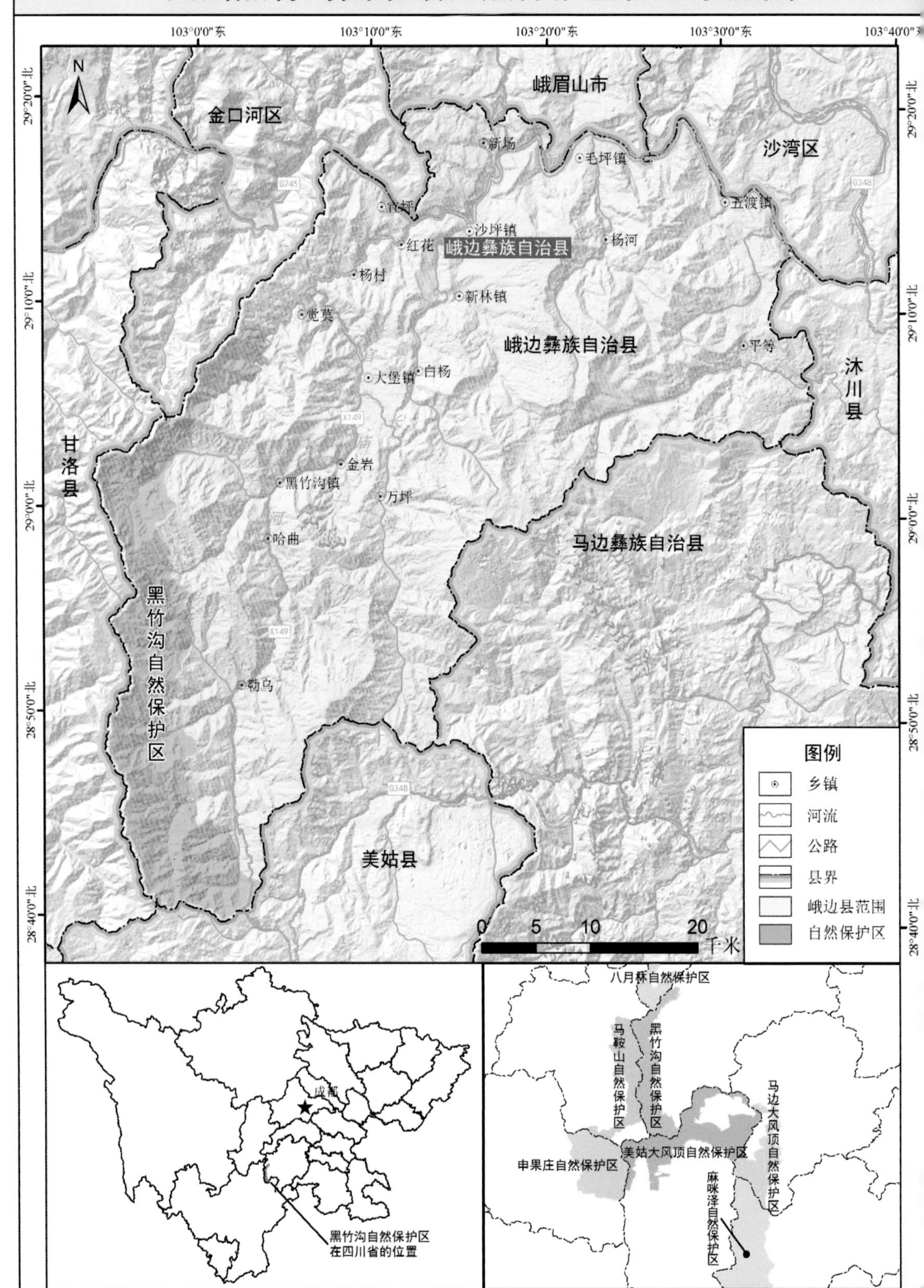

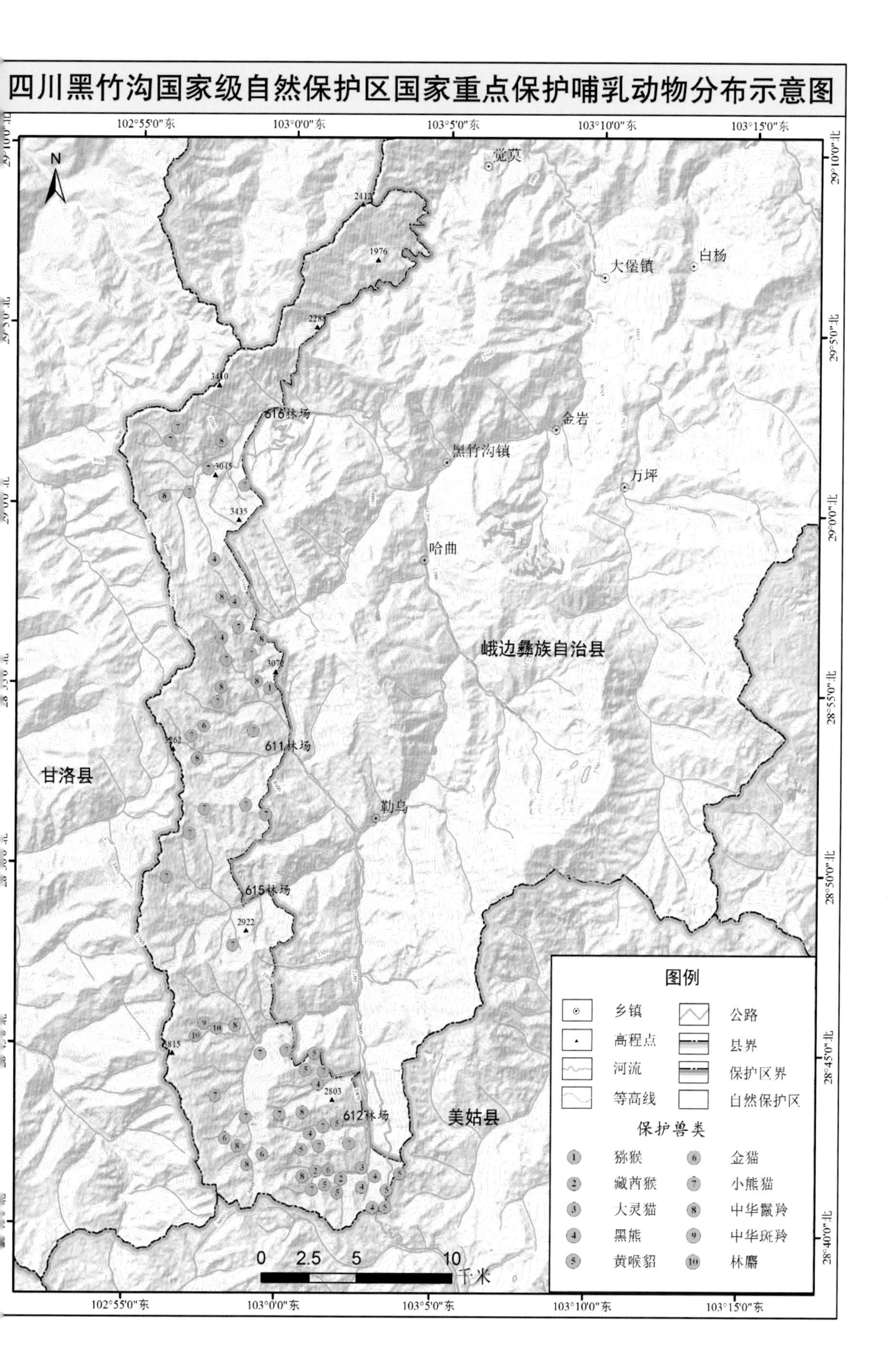

四川黑竹沟国家级自然保护区国家重点保护哺乳动物分布示意图
102°55'0"东
103°0'0"东
103°5'0"东
103°10'0"东
103°15'0"东
29°10'0"北
29°5'0"北
29°0'0"北
28°55'0"北
28°50'0"北
28°45'0"北
28°40'0"北
N
觉莫
大堡镇
白杨
金岩
黑竹沟镇
万坪
哈曲
峨边彝族自治县
勒乌
甘洛县
美姑县
616林场
611林场
615林场
612林场
2412
1976
2288
3410
3045
3435
3072
2922
2803
2815
0 2.5 5 10
千米
图例
乡镇
公路
高程点
县界
河流
保护区界
等高线
自然保护区
保护兽类
猕猴
金猫
藏酋猴
小熊猫
大灵猫
中华鬣羚
黑熊
中华斑羚
黄喉貂
林麝

四川黑竹沟国家级自然保护区大熊猫痕迹点及栖息地分布示意图

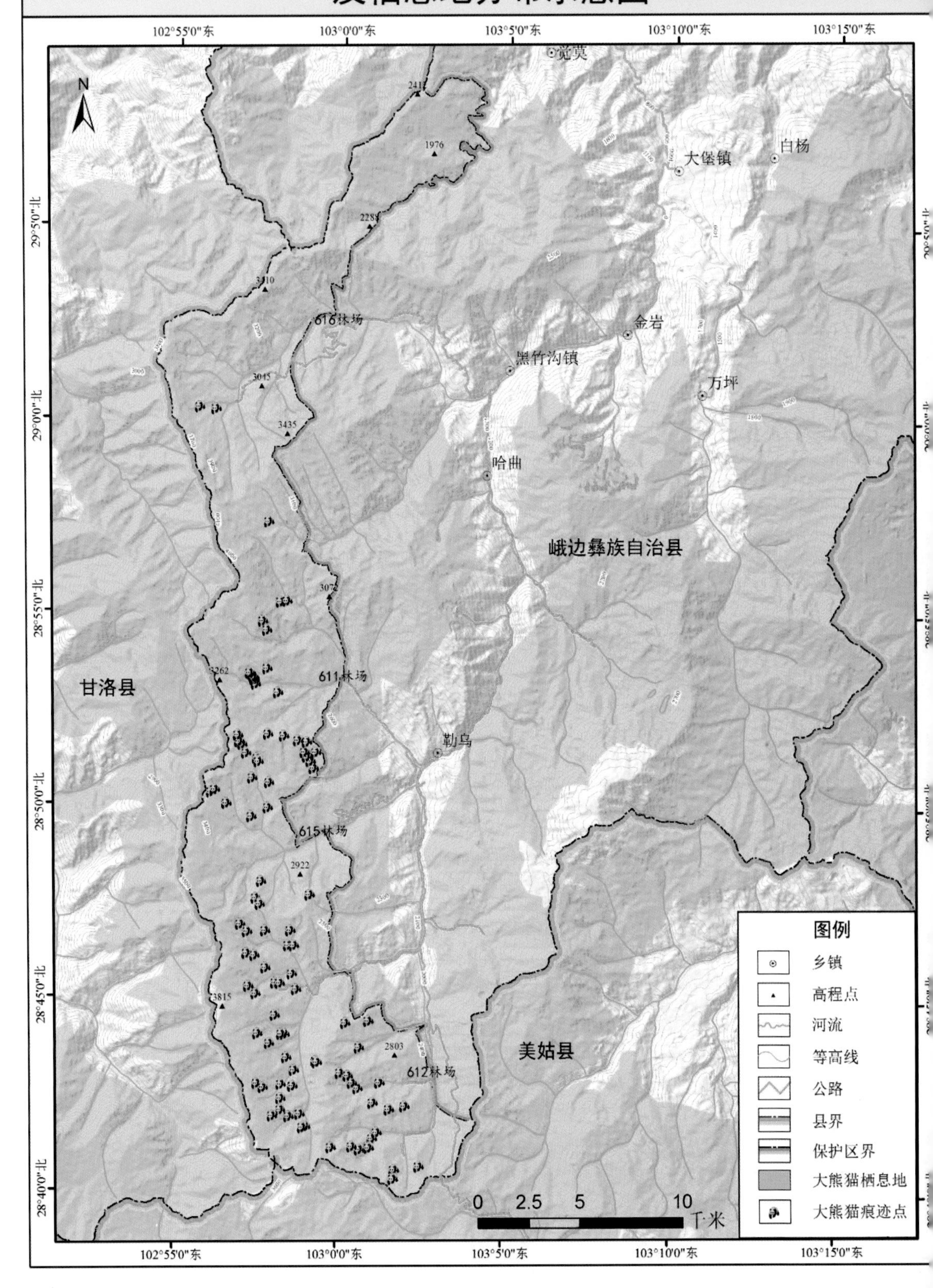

四川黑竹沟国家级自然保护区国家重点保护鸟类分布示意图

102°55'0"东　103°0'0"东　103°5'0"东　103°10'0"东　103°15'0"东

29°5'0"北　29°0'0"北　28°55'0"北　28°50'0"北　28°45'0"北　28°40'0"北

N

2412　1976　2285　3410　3045　3435　3072　3262　2922　3815　2803

大堡镇　白杨　金岩　黑竹沟镇　万坪　哈曲

616林场　611林场　615林场　612林场

峨边彝族自治县

甘洛县

勒乌

美姑县

0　2.5　5　10 千米

图例

⊙	乡镇		公路
▲	高程点		县界
	河流		保护区界
	等高线		自然保护区

保护鸟类

①	绿尾虹雉	⑨	松雀鹰
②	四川山鹧鸪	⑩	凤头鹰
③	白腹锦鸡	⑪	鹰雕
④	红腹角雉	⑫	黑冠鹃隼
⑤	血雉	⑬	斑头鸺鹠
⑥	白鹇	⑭	灰鹤
⑦	普通鵟	⑮	红隼
⑧	雀鹰		

四川黑竹沟国家级自然保护区
动物多样性

SICHUAN HEIZHUGOU GUOJIAJI ZIRAN BAOHUQU
DONGWU DUOYANGXING

四川黑竹沟国家级自然保护区管理局
四 川 大 学 生 命 科 学 学 院 ◎编著

四川科学技术出版社

图书在版编目（CIP）数据

四川黑竹沟国家级自然保护区动物多样性 / 四川黑竹沟国家级自然保护区管理局，四川大学生命科学学院编著. -- 成都：四川科学技术出版社，2021.8

ISBN 978-7-5727-0229-7

Ⅰ.①四… Ⅱ.①四… ②四… Ⅲ.①自然保护区－动物－生物多样性－研究－乐山市 Ⅳ.①Q958.527.13

中国版本图书馆CIP数据核字（2021）第165808号

四川黑竹沟国家级自然保护区动物多样性

SICHUAN HEIZHUGOU GUOJIAJI ZIRAN BAOHUQU DONGWU DUOYANGXING

编　　著　四川黑竹沟国家级自然保护区管理局
四川大学生命科学学院

出 品 人　程佳月
责任编辑　肖　伊
封面设计　墨创文化
责任出版　欧晓春
出版发行　四川科学技术出版社
成都市槐树街2号　邮政编码 610031
官方微博：http://e.weibo.com/sckjcbs
官方微信公众号：sckjcbs
传真：028-87734035
成品尺寸　170mm×240mm
印　　张　8.5　字数170千　插页6
印　　刷　成都市新都华兴印务有限公司
版　　次　2021年9月第1版
印　　次　2021年9月第1次印刷
定　　价　48.00元

ISBN 978-7-5727-0229-7

邮购：四川省成都市槐树街2号　邮政编码：610031
电话：028-87734035

本书编委会

主　编

冉江洪

副主编

窦　亮　林玉成　孟　杨

编　委

窦　亮　林玉成　刘　波　孟　杨　毛夜明　马晓龙　冉江洪　赵　成

调查与分析工作人员

四川大学生命科学学院：

冉江洪（教授）	林玉成（副教授）	谭进波（实验师）	窦　亮（实验师）
郑志荣（高级实验师）	孟　杨（副研究馆员）	张　曼（助研）	张塔星（研究生）
岳先涛（研究生）	祝梦怡（研究生）	刘　洁（研究生）	王　灿（研究生）
白小甜（研究生）	朱博伟（研究生）	何兴成（研究生）	陈俪心（研究生）
和梅香（研究生）	魏淑婷（研究生）	舒云菲（研究生）	廖　静（研究生）
张德军（研究生）	薛嘉祺（研究生）	程荣亨（本科生）	张　凯（本科生）

宜宾学院：

郭　鹏（教授）	赵　成（副教授）	赵思勤（研究生）	廖琳鸿（研究生）
谭又源（研究生）	李　科（研究生）	徐康宁（研究生）	

四川黑竹沟自然保护区管理局：

刘　波　肖继文　毛夜明　马晓龙　周勇军　邱瑞军　代世红
周　易　陈译帆　王　凯　赵大红　张　尧

摄　影

何兴成　张塔星　祝梦怡　窦亮

制　图

张　曼

前 言

四川黑竹沟国家级自然保护区（以下简称“保护区”）位于四川省乐山市峨边彝族自治县，总面积约为29 643 hm^2，是以大熊猫及其栖息地为主要保护对象的野生动物类型自然保护区。保护区建立于1997年，同年，由四川省人民政府批准成为省级自然保护区，2012年由国务院批准成为国家级自然保护区。

保护区位于四川盆地与南北向构造带交接地区，受环流和季风天气强烈影响，具有鲜明的立体气候特点。区内河流众多，水流湍急，流量充沛。保护区植被类型丰富，植被垂直带谱明显，是我国和全球生物多样性的富集区和生物多样性保护热点区域，在我国和全球生物多样性保护上具有重要的价值和地位。保护区西面与甘洛马鞍山自然保护区相连，东南面与美姑大风顶国家级自然保护区毗邻，北面与金口河八月林自然保护区接壤，共同构成了凉山山系生物多样性网络。保护区位于这个网络的连接地带，在维持凉山山系的生物多样性、保障物种基因交流等方面具有不可替代的作用。

自2007年起，保护区开展了一些资源专项调查、动物监测和保护管理工作，取得了良好的保护成效。由于资金及人员能力的限制，保护区自2004年开展了综合科学考察工作后，一直没有开展系统的动物多样性调查，对十多年来动物的分布及其变化趋势不了解，从而限制了保护区针对性保护策略的制订和保护成效的提升。为了加强区内生物多样性的保护，适应自然保护工作发展的需要，四川黑竹沟国家级自然保护区管理局、四川大学生命科学学院和宜宾学院，于2017—2020年对保护区的动物资源开展了较为系统的野外调查。在实地调查的基础上，结合保护区及县域的文献资料、标本数据、保护区的红外相机数据，以及四川省大熊猫调查和森林病虫害普查等数据，对保护区的脊椎动物及昆虫资源进行了系统整理、统计和分析，共记录昆虫410种；脊椎动物413种，其中鱼类5种、两栖类17种、爬行类23种、鸟类286种、哺乳动物82种。

本书在编制过程中，尽量秉承科学性和真实性，根据物种的现有分布信息和野外调查情况，对于现有但可能在保护区没有分布或者远离现有分布区的历史资料记录物种，本次没有纳入保护区的物种编目名录。由于近20年来动物各类群的分类系统发展变化较快，许多物种的分类阶元和中文名都发生了变化，不同的作者采用不同的分类体系和物种名，本书中物种的中文名和学名都与所采用的分类系统的名称一致。本书的哺乳动物、鸟类、鱼类和昆虫部分由四川大学生命科学学院编写完成，两栖动物类和爬行动物类部分由宜宾学院编写完成。由于水平限制，疏漏之处，敬请批评指正。

保护区本底资料积累是一个长期的工作，本次虽然开展了全面的调查，但还存在无脊椎动物调查不充分、部分资料记录物种没有发现、少量国家重点保护野生物种还难以确认在保护区的现实分布等问题，需要保护区在平时工作中加以补充、校正和完善。

我们在资料收集过程中得到了四川省野生动物资源调查保护站、四川省森林病虫防治检疫总站等单位的支持，在此，对参加和支持本项目工作的人员和单位致以诚挚的谢忱！

编者

2020年9月

注：在本书即将出版之际，国家林业和草原局、农业农村部公布了新调整的《国家重点保护野生动物名录》，根据调整后的新版名录，经统计，四川黑竹沟国家级自然保护区内国家二级重点保护两栖动物有2种；国家二级重点保护爬行动物有1种；国家一级重点保护鸟类有4种，国家二级重点保护鸟类有44种；国家一级重点保护哺乳动物有7种，国家二级重点保护哺乳动物有14种。本书附表中的动物名录增加了新保护级别，正文中仍按照旧版名录进行统计和描述。

目 录

1 保护区基本情况

1.1　地理位置

四川黑竹沟国家级自然保护区（以下简称“保护区”）位于四川省乐山市峨边彝族自治县觉莫、黑竹沟、哈曲、勒乌四个彝族乡镇境内，总面积为29 643 hm^2，地理坐标介于东经102°54′29″~103°04′07″，北纬28°39′54″~29°08′54″。保护区西面和南面以凉山彝族自治州与乐山市界线为边界，北面和东面依次地跨峨边彝族自治县的觉莫乡、黑竹沟镇、哈曲乡和勒乌乡，是以大熊猫及其栖息地为主要保护对象的野生动物自然保护区。保护区范围内全为国有林地，权属清晰，无林权、地权纠纷。保护区西与甘洛马鞍山自然保护区相连，东南面与美姑大风顶国家级自然保护区毗邻，北面与金口河八月林自然保护区接壤，共同构成了凉山山系生物多样性网络。保护区位于这个网络的连接地带，在维持凉山山系的生物多样性、保障物种基因交流等方面具有不可替代的作用。

1.2　地形地貌

保护区大地构造位于扬子准地台西部、康滇南北向构造带北段，四川盆地与南北向构造带交接地区，由于受多期构造运动的影响，使区域内的构造形迹趋于复杂化。地质构造属元古界三峡型（主要构造体又属前古生界、纵向断裂型）、武都—马边地震带、湿润流水作用的高山区。有4组构造：东西向构造、南北向构造、北东向构造、北西向构造，以南北向构造为主。以上4组不同方向构造相互交织在一起，控制和影响着黑竹沟的水系形态和地貌状况。主要断层有宜坪至美姑断裂、金岩至椅子垭口到美姑断裂。境内主要背斜有里山埂背斜、阿觉莫伯背斜（构成与甘洛交界的马鞍山）。向斜为老鹰嘴向斜，规模巨大且宽缓。背斜核心最老地层为震旦系（西部和北部外围地区），区域榴皱主要由晚古生代相中生代地层组成。

区域内出露地层有8个系，最老为震旦系上统灯影组，最新为第四系，除晚二叠世峨眉山玄武岩为陆相喷发的火山岩外，其余均为沉积地层。黑竹沟是新构造运动活跃区，地壳呈持续上升趋势，新生代以来上升幅度在4 000 m左右。由于整个区域为一向东开口的袋状地形，迎风坡降水丰沛，外力的流水作用塑造地貌的力量也很强烈，因而形成整个区域地势起伏大、以构造侵蚀剥蚀中山为主的地貌。

保护区地貌有以下主要特征：地势起伏大、坡度陡。黑竹沟（亦名斯补觉沟）汇入那哈依莫（官料河上游）处海拔1 054 m，而黑竹沟源头的马鞍山主峰海拔4 288 m，相对高差达3 234 m。整个区域地面崎岖、沟谷纵横，地势起伏很大，全区以35°~55°的峭坡为主，其次是15°~35°的陡坡；坡度小于15°的斜坡仅占总面积的8%。另外，还有约占总面积1%的陡壁（坡度大于55°）。

保护区的地貌根据海拔高度与相对高度大小，可划分为两部分：西部马鞍山脊一带海拔3 500 m以上是中起伏高山区，占全区域面积约5%；其余海拔1 000~3 500 m、相对高度1 000~2 500 m，是大起伏中山区，占全区域面积的95%左右。两者都以侵蚀剥蚀为主，在碳酸盐类岩分布区兼有溶蚀作用，成为溶蚀侵蚀剥蚀山地，也最高。中更新世早期黑竹沟区域地壳上升幅度低于峨边县城，而与峨眉山一带相当。中更新世晚期以后，黑竹沟区域的地壳活动形成的阶地高度与邻区各地大多数地方基本一致。

1.3 水资源

保护区范围属于大渡河支流官料河流域，水系主要为官料河上游及其支流。官料河又名西溪河，俗称官庙河。据传，因兴建庙宇、官衙，木材由此河流放，故名官料河。官料河支流有三：西河、长滩河、茨竹河。主流发源于与美姑接壤的阿米都洛山顶峰东北面，流经勒乌、哈曲、斯合、金岩、大堡、觉莫、杨村、红花、宜坪9个乡，至宜坪斑鸠嘴注入大渡河，全长88 km，年平均流量为19.8 $m^3 \cdot s^{-1}$，集雨面积684.6 km^2。出口处河床宽约90 m，自然落差3 000 m，具有河道窄、礁石多、水流急、落差大、暴涨暴跌等特点。西河为官料河支流，发源于马鞍山，基本都位于保护区内，流长25.3 km，集雨面积168 km^2。有2条源流，一为三岔河（也称黑竹沟），一为罗索依达，两河皆流经斯合乡的依乌、马家坪至大桥汇入官料河。黑竹沟发源于马鞍山主峰附近的狐狸山北侧，其干流全长20 km，沟口处年平均流量4.4 $m^3 \cdot s^{-1}$左右。罗索依达发源于狐狸山与主峰间的冰斗湖，长15 km。黑竹沟与罗索依达汇合后，年平均流量4.7 $m^3 \cdot s^{-1}$，而河口的年平均流量约9 $m^3 \cdot s^{-1}$。

根据水资源埋藏与出露条件又可把黑竹沟水资源划为：

（1）地表水资源：此为该区水资源的主要源泉，在大渡河区年降水量为831.9 mm，年降水时日为168 d左右，而在海拔为2 200 m以上的黑竹沟降水量可达2 000 mm，降水时日可达250 d。其降水除直接降雨外，还有丰富的降雪，正因为黑竹沟降雨、降雪丰富，因而该区地表水与地下水均十分丰富。

（2）地下水资源：地下水主要分布于灰岩与白云岩区，发育有高寒区的特殊岩溶地貌景观，如荣宏得岩溶洼地，此岩溶形态一般出露于高寒而降水丰富的岩溶区，可称为寒带溶坪洼地。

此外，黑竹沟地热也较丰富，热水矿泉多处可见，如分布于金岩一带的温泉，水温42~59 ℃，含有多种具医疗作用的微量元素，可作为医用热水矿泉水。

1.4 土壤

根据《峨边县志》中对峨边彝族自治县土壤的分区，保护区内的土壤有山地黄壤（1 800 m以下）、山地黄棕壤（1 800~2 200 m）、山地暗棕壤（2 200~2 700 m）、山地棕色针叶林土（2 700 m以上的暗针叶林内）、亚高山草甸土（3 000 m以上）5种地带性土壤，非地带性土壤主要有黄色石灰土（1 800 m以下）、紫色土、沼泽土3种，与地带性土壤镶嵌呈斑状分布。

1.5 气候

保护区是受环流和季风天气系统强烈影响的地区，其东部是四川盆地，西部与凉山州的甘洛等县相接，处于盆地、高原的过渡地段，区内群峰林立，海拔相对高差达3 000 m，气象要素随高度变化，具有鲜明的立体气候特点。河谷区域（1 000~1 500 m）的气候与四川盆地周边山区同属一个气候类型，具有亚热带气候特点，温暖湿润，四季分明，雨量极为丰沛，与盆地区域气候无明显差异。黑竹沟立体气候是在亚热带基本带之上形成的，气候带谱从山地亚热带、山地暖温带、山地中温带、山地寒温带到山地亚寒带，年平均气温从16 ℃左右到 -4~-3 ℃。海拔高度在1 200 ~ 1 700 m，年均气温13.0 ~ 10.0 ℃，积温4 760 ~ 3 800℃，气温较低，雨水多，雾日多，日照少，湿度大，秋绵雨多。海拔高度在1 700 m以上，年平均气温小于10.0 ℃，积温为3 800 ℃，这一带寒冷多雾，积雪多，降雹频繁。降水随海拔高低而分布不同，低山河谷区历年平均降水量为832 mm，中山区年平均降水量为1 000 mm，高山区年平均为1 000 ~ 1 500 mm，而海拔在2 250 m以上的林区，年降水在1 500 ~ 2 000 mm。

西部的马鞍山高4 288 m，是本区域的最高峰。东侧常有暖湿气流沿峡谷由南经北输送，水汽丰沛，常年多云雾降雨；西侧高原区域空气湿度很小，天气现象少，以晴为主，形成一个明显的气候分界面——阴阳界。阴阳界东侧是全国日照最少的区域之一，年日照时数一般为1 000 h左右，西侧的甘洛等地则是全国光能资源较为丰富的区域之一，年日照时数1 600 h以上。

森林内优越的林区小气候的形成与森林对温度、干湿度的调节及气体交换等方面的重要作用紧密相关，林区内太阳直接照射大为减少（由于云雾多，以及林冠的反射吸收等因素造成），气温较低且日差较小，空气温度常偏高10%~20%，降雨量增加10%~20%。地表径流大为减少，泥石流、滑坡等自然灾害在原始林区极为少见或规模极小。

1.6 植被

保护区植被在四川植被分区中属于亚热带常绿阔叶林区，川东盆地及川西南山地常绿阔叶林带，川东盆地偏湿性山地常绿阔叶林亚带，盆地南部中山植被地区，黄毛埂东侧植被小区。保护区主要为高山峡谷地貌，气候温和潮湿，植被生长季节较长，分布的垂直带谱明显。保护区植被可分为4个垂直带谱，分别为针叶林、阔叶林、灌丛及灌草丛、草甸。其中，针叶林带包括寒温性针叶林、温性针叶林、温性针阔叶混交林和暖性针叶林植被型；阔叶林带包括落叶阔叶林、常绿—落叶阔叶混交林、常绿阔叶林、硬叶常绿阔叶林和竹林植被型；灌丛及灌草丛带包括常绿针叶灌丛、常绿革叶灌丛、落叶阔叶灌丛、常绿阔叶灌丛和灌草丛植被型。在4个植被带内又划分为51个群系。

保护区植被垂直分布特点明显，海拔2 000 m以下主要为常绿阔叶林，以栲（*Castanopsis fargesii*）、青冈属（*Cyclobalanopsis* spp.）、扁刺锥（*Castanopsis platyacantha*）、中华木荷（*Schima sinensis*）、包果柯（*Lithocarpus cleistocarpus*）为主，伴生有樟科、山茶科、五加科、木兰科等植物；海拔2 000~2 400 m主要为常绿、落叶阔叶混交林，以柯属（*Lithocarpus* spp.）、槭属（*Acer* spp.）、桦木属（*Betula* spp.）等为主；海拔2 400~2 800 m主要为落叶阔叶林或针阔混交林；海拔2 800~3 500 m主要为亚高山针叶林，以铁杉林或铁杉、冷云杉混交林、冷杉林为主，多为原始林；海拔3 500 m以上主要为亚高山灌丛或亚高山草甸，灌木常见种类有杜鹃属（*Rhododendron* spp.）、香柏（*Sabina pingii* var. *wilsonii*）和冷箭竹（*Bashania fangiana*），草甸植物以糙野青茅（*Deyeuxia scabrescens*）、西南野古草（*Arundinella hookeri*）、羊茅（*Festuca ovina*）、四川嵩草（*Kobresia setschwanensis*）等为主。

1.7 保护区沿革

1997年4月30日，峨边彝族自治县人民政府以峨边府〔1997〕18号文《峨边彝族自治县人民政府关于将我县黑竹沟列为县级自然保护区的决定》批准建立黑竹沟县级自然保护区；同年12月8日，四川省人民政府以川府函〔1997〕405号文批准将黑竹沟建为省级自然保护区，批准面积为18 000 hm^2。保护区管理机构为四川黑竹沟自然保护区管理局（峨边编发〔2005〕29号《峨边彝族自治县编制委员会关于设立峨边彝族自治县黑竹沟自然保护区管理局的批复》），成立于2005年12月20日。2008年保护区开展范围扩建，并申报晋升国家级自然保护区，2012年，国务院以国发〔2012〕7号文批准其为国家级自然保护区，保护区面积29 643 hm^2。

1.8 保护区动物资源调查情况

由于保护区建立较晚，关于本保护区动物资源的调查历史文献很少，在本团队开展此次科学考察前，仅找到刘洋等［四川黑竹沟自然保护区的兽类资源调查.四川林业科技，2005，26（6）：38-42］关于哺乳动物资源的文献。未查询到峨边彝族自治县动物资源的专项调查文献，关于峨边彝族自治县动物资源的调查资料主要收集在一些专著和其他专项调查的文献中，如《四川省资源动物志》（第一卷）（1982）、《四川兽类原色图鉴》（1997）、《四川省鸟类原色图鉴》（1995）、《四川省爬行类原色图鉴》（2003）、《四川省两栖类原色图鉴》（2001）等专著；专项调查文献如李操等的《四川山鹧鸪的分布及生境选择》［刊登于《动物学》，2003，38（6）：46-51］；李蓓等的《大凉疣螈栖息地现状调查及其保护》［刊登于《四川动物》，2011，30（6）：964-966，等］。

2 昆　虫

2.1 调查方法

结合昆虫野外活动规律和昆虫的生物学特性，调查人员分别于2018年夏季（7月）、秋季（9月）和2019年春季（5月）、秋季（9月）在保护区开展采集工作。

调查地以611林场、612林场和616林场各场部为中心，采集地涉及611林场场部周边的绝壁沟、二支沟、主沟这三条大沟；612林场场部周边的椅子垭口、护干沟、五月沟等处；616林场场部周边的西河村、马杵千村、底底古村、依乌村等处；黑竹沟景区内的马里冷旧、蜂巢岩等景点。

根据不同生境情况及不同昆虫种类，应采用不同的采集方法。本次调查的采集方法以网捕法、扫捕法、搜捕法、灯诱法为主。

（1）网捕法：捕虫网追捕昆虫，为获得白天活动昆虫最常用的方法。主要用于采集鳞翅目、蜻蜓目、膜翅目、双翅目等飞行能力较强的昆虫。

（2）扫捕法：捕虫网有接触地挥扫植被，主要采集半翅目、鞘翅目、直翅目等个体小、易跳动、隐藏在植被中的昆虫。

（3）搜捕法：手工或借助镊子寻找并采集革翅目、鞘翅目、半翅目等常在树皮中、朽木及石块下各种隐蔽的地方躲藏的昆虫。

（4）灯诱法：对于具有趋光性的昆虫通过灯诱法来捕获，为获得趋光性昆虫的有效方式。611林场和616林场的场部周边区域就设置有灯诱点——选择无风的夜晚，张挂一块白色幕布，在幕布四周悬挂紫光灯，吸引昆虫附着。

昆虫标本鉴定主要依据《中国蝶类志》《中国蝽类昆虫鉴定手册》《中国经济昆虫志—叶甲总科》《中国蛾类图鉴》《高黎贡山蛾类图鉴》《中国天牛彩色图鉴》《中国天牛图志》《中国瓢虫原色图鉴》《中国昆虫生态大图鉴》《蜻蟌之地：海南蜻蜓图鉴》《昆虫分类》等鉴定图册、分类专著和分类文献，以及网络资源，如Global Names Index网站、Catalogue of Life网站、国家动物标本资源库、中国自然标本馆、中国自然保护区标本资源共享平台等。对不确定的疑难种，向同行专家请教，确保鉴定准确。标本全部保存于四川大学自然博物馆动物标本室（NHMSU）。

2.2　物种组成与区系

2.2.1　物种组成

保护区昆虫调查共采集昆虫标本1 194号，拍摄昆虫生态照片693张，标本照片1 173张。经鉴定有410种（含45个待定种）（附表1），隶属于13目94科320属。保护区昆虫类群组成见表2–1。

表2—1　黑竹沟国家级自然保护区昆虫类群组成

目	科数/科	占比/%	属数/属	占比/%	种数/种	占比/%
蜉蝣目	1	1.06	1	0.31	1	0.24
蜻蜓目	6	6.38	7	2.19	7	1.71
𫌀翅目	2	2.13	2	0.63	2	0.49
螳螂目	1	1.06	2	0.63	2	0.49
革翅目	1	1.06	2	1.87	2	0.49
直翅目	5	5.32	6	0.63	6	1.46
半翅目	15	15.96	36	11.25	43	10.49
脉翅目	1	1.06	1	0.31	1	0.24

续表2－1

目	科数/科	占比/%	属数/属	占比/%	种数/种	占比/%
鞘翅目	25	26.60	82	25.62	99	24.15
双翅目	4	4.26	4	1.25	4	0.97
毛翅目	2	2.13	2	0.63	2	0.49
鳞翅目	27	28.72	169	52.81	233	56.83
膜翅目	4	4.26	6	1.87	8	1.95
合计	94	100.00	320	100.00	410	100.00

其中鳞翅目Lepidoptera 27科169属233种，占总种数的56.83%；鞘翅目Coleoptera 25科82属99种，占总种数的24.15%；半翅目Hemiptera 15科36属43种，占总种数的10.49%；蜉蝣目Ephemeroptera、蜻蜓目Odonata、襀翅目Plecoptera、螳螂目Mantodea、直翅目Orthoptera、革翅目Dermaptera、脉翅目Neuroptera、双翅目Diptera、毛翅目Trichoptera和膜翅目Hymenoptera的种类少，各目种数皆小于10。

保护区内数量占优的昆虫种类有黑纹粉蝶（*Pieris melete*）、蓝胸圆肩叶甲（*Humba cyanicollis*）、东方菜粉蝶（*Pieris canidia*）、泥红槽缝叩甲（*Agrypnus argillaceus*）、小云斑黛眼蝶（*Lethe jalaurida*）、绿豹蛱蝶（*Argynnis paphia*）、田园荫眼蝶（*Neope agrestis*）、双色舟弄蝶（*Barca bicolor*）、棕带眼蝶（*Chonala praeusta*）、褐斑带蛾（*Apha subdives*）、老豹蛱蝶（*Argyronome laodice*）、蚬蝶凤蛾（*Psychostrophia nymphidiaria*）等。

根据国务院批准公布的《国家重点保护野生动物名录》、国家林业局发布的《国家有益的或者有重要经济价值的陆生野生动物名录》（即“三有”动物）及《中国生物多样性保护行动计划》可知，保护区内的“三有”物种包括宽尾凤蝶（*Agehana elwesi*）、三尾凤蝶（*Bhutanitis thaidina*）、箭环蝶（*Stichophthalma howqua*）和冰清绢蝶（*Parnassius glacialis*）；属于《中国生物多样性保护行动计划》所列的重点保护种类的有冰清绢蝶。

野外调查组在黑竹沟保护区611林场灯诱捕获了一只角胸屏顶螳（*Kishinouyeum cornutum*），隶属屏顶螳属（*Kishinouyeum*）长颈螳螂亚科（Vatinae）。屏顶螳属因其头顶具较大的锥形凸起而得名，为我国特有属。角胸屏顶螳的模式种采集于福建省崇安县，被列为台湾四大奇螳（角胸屏顶螳、魏氏奇叶螳螂、台湾树皮螳、台湾拳击螳）之首。该种体绿褐色，头部凸起两侧边缘有较尖的齿突，前胸背板两侧扩大呈三角状及腹部第4~6节两侧具叶片状的小叶均为特殊的构造，易与同属其他种相区别。目前国内关于该虫的记录研究非常少，虽台湾地区的相关图文资料较大陆地区稍多，但该种在台湾仍是一种非常少见的昆虫，故在黑竹沟自然保护区发现该物种，对研究其分布和区系特征具有重要意义。

2.2.2 区系

昆虫的组成与分布受气候、水文、地貌等非生物因素和植物、动物等生物因素的共同作用，故不同区域的昆虫种类组成与分布特征均存在差异，同时不同区域之间的昆虫也存在交汇情况（彭吉栋，2015）。

通过对黑竹沟保护区昆虫在中国动物地理区划中的分布情况进行划分（如表2-2所示），保护区昆虫共划分为7型39式区系型。

西南区特有种所占比例最高，为61种，占总物种数量的14.88%，为明显的西南区区系特点；二区型共6类，“西南区+华南区”种数最多，为47种，占总物种数量的11.46%，“西南区+华中区”次之，其种数为36种，占总物种数量的8.78%；三区型共10类，“西南区+华中区+华南区”种数最多为57种，占总物种数量的13.90%；四区型共10类，“西南区+华北区+华中区+华南区”种数最多为27种，占总数的6.59%；五区型共9类，“西南区+东北区+华北区+华中区+华南区”种数最多为17种，占总数的4.15%；六区型共2类，分别为“西南区+东北区+华北区+华中区+华南区+青藏区”和“西南区+东北区+华北区+华中区+华南区+蒙新区”；全国分布型种数为26种，占总数的6.34%。由此可见，黑竹沟保护区昆虫由西南区为主、华中区和华南区次之的多种区系成分共同形成了复杂的区系结构。

表2—2 黑竹沟国家级自然保护区昆虫区系型统计表

序号	区系型	种数/种	占比/%
1	西南区	61	14.88
2	西南区+东北区	3	0.73
3	西南区+华北区	7	1.71
4	西南区+华南区	47	11.46

续表2－2

序号	区系型	种数/种	占比/%
5	西南区+华中区	36	8.78
6	西南区+蒙新区	1	0.24
7	西南区+青藏区	15	3.66
8	西南区+东北区+华北区	8	1.95
9	西南区+东北区+华中区	3	0.73
10	西南区+东北区+华南区	1	0.24
11	西南区+华北区+华中区	6	1.46
12	西南区+华北区+华南区	6	1.46
13	西南区+华北区+青藏区	2	0.49
14	西南区+华中区+华南区	57	13.90
15	西南区+华中区+青藏区	8	1.95
16	西南区+华南区+青藏区	5	1.22
17	西南区+蒙新区+青藏区	1	0.24
18	西南区+东北区+华北区+华中区	8	1.95
19	西南区+东北区+华北区+华南区	1	0.24
20	西南区+东北区+华中区+华南区	2	0.49
21	西南区+东北区+华中区+青藏区	1	0.24
22	西南区+东北区+华中区+蒙新区	1	0.24
23	西南区+东北区+华北区+青藏区	1	0.24
24	西南区+华北区+华中区+华南区	27	6.59
25	西南区+华北区+华中区+青藏区	1	0.24
26	西南区+华北区+蒙新区+青藏区	1	0.24
27	西南区+华中区+华南区+青藏区	25	6.10
28	西南区+东北区+华北区+华中区+华南区	17	4.15
29	西南区+东北区+华北区+华中区+青藏区	1	0.24
30	西南区+东北区+华北区+华中区+蒙新区	3	0.73
31	西南区+东北区+华北区+蒙新区+青藏区	3	0.73
32	西南区+东北区+华中区+华南区+蒙新区	2	0.49

续表2－2

序号	区系型	种数/种	占比/%
33	西南区+东北区+华中区+蒙新区+青藏区	1	0.24
34	西南区+华北区+华中区+华南区+青藏区	9	2.20
35	西南区+华北区+华中区+华南区+蒙新区	2	0.49
36	西南区+华北区+华中区+蒙新区+青藏区	1	0.24
37	西南区+东北区+华北区+华中区+华南区+青藏区	3	0.73
38	西南区+东北区+华北区+华中区+华南区+蒙新区	7	1.71
39	西南区+东北区+华北区+华中区+华南区+蒙新区+青藏区	26	6.34

2.3 分布

2.3.1 不同生境的昆虫群落多样性

不同生境类型昆虫群落物种调查统计结果见表2-3。混交林是3类生境中昆虫种类最为丰富的生境，有12目62科212种；农田居民区生境次之，为10目64科202种；阔叶林生境昆虫种类相对较少，为7目29科62种。在采集的1 194号标本中，混交林采集的昆虫数量最多，为557号，占总采集量的46.65%；其次是农田居民区，采集到508号，占总采集量的42.55%；阔叶林的采集量最少，为129号，占总采集量的10.80%。

表2-3 黑竹沟国家级自然保护区不同生境昆虫群落物种组成

生境类型	目/目	科/科	属/属	种/种	个体/个
农田居民区	10	64	165	202	508
阔叶林	7	29	56	62	129
混交林	12	62	181	212	557

3种不同生境类型昆虫物种多样性指数(Shannon-Wiener diversity，H')、丰富度指数(Margalef index，E)、优势度指数(McNaughton index，D)和均匀度指数(Pielou eveness index，J)统计见表2-4。

表2—4　黑竹沟国家级自然保护区不同生境昆虫多样性指数

生境类型	多样性指数			
	H′	E	D	J
农田居民区	2.464 3	28.369 5	0.019 3	0.464 2
阔叶林	0.636 6	8.609 7	0.015 1	0.154 2
混交林	2.614 9	29.781 0	0.031 0	0.488 2

由表2-4可知，Shannon-Wiener多样性指数、丰富度指数、优势度指数和均匀度指数从高到低排序均为混交林>农田居民区>阔叶林。从上述结果可以看出，多样性指数、丰富度指数、优势度指数、均匀度指数均表现为混交林最高。

2.3.2　不同季节的昆虫群落多样性

保护区内不同季节昆虫群落物种数量统计见表2-5。

表2-5　黑竹沟国家级自然保护区不同季节昆虫群落物种数量统计表

季节	目/目	科/科	属/属	种/种	个体/个
春	4	36	84	103	313
夏	11	65	167	198	509
秋	12	52	143	163	372

由表2-5可看出，夏季为3个季节中昆虫类群最为丰富的季节，有11目65科198种；秋季次之，为12目52科163种；春季昆虫种类相对较少，为4目36科103种。采集到的昆虫个体数从高到低依次为夏季、秋季和春季，分别为509、372、313。夏季昆虫种类数量和个体数量均最大。

不同季节昆虫物种多样性指数(Shannon-Wiener diversity，H')、丰富度指数(Margalef index，E)、优势度指数(McNaughton index，D)和均匀度指数(Pielou eveness index，J)统计见表2-6。

表2-6　黑竹沟国家级自然保护区不同季节昆虫多样性指数

季节	多样性指数			
	H'	E	D	J
春	1.423 0	14.396 5	0.024 3	0.307 0
夏	2.444 9	27.805 0	0.016 8	0.462 3
秋	1.828 6	22.865 0	0.014 2	0.359 0

由表2-6可知，Shannon-Wiener多样性指数、丰富度指数和均匀度指数从高到低排序依次为夏季>秋季>春季，优势度指数同其余三项指数的变化趋势不同，表现为春季>夏季>秋季。

2.4　资源昆虫

昆虫资源是昆虫本体或产物或行为能直接或间接为人类提供生产资料或生活资料等天然资源。保护区内的昆虫按资源类型可以区分为观赏昆虫、授粉昆虫、天敌昆虫和环境指示昆虫。

2.4.1　观赏昆虫

观赏昆虫是指能给人以美感，可供赏玩、娱乐以增添生活情趣，具有一定旅游观赏价值的昆虫。观赏昆虫又可分为鸣叫类观赏昆虫、运动类观赏昆虫、形体类观赏昆虫、发光类观赏昆虫及色彩类观赏昆虫。黑竹沟保护区的色彩类观赏昆虫丰富，包括大绢斑蝶（*Parantica sita*）、黑绢斑蝶（*Parantica melanea*）、青斑蝶（*Tirumala limniace*）、宽尾凤蝶、三尾凤蝶、多姿麝凤蝶（*Byasa polyeuctes*）、灰绒麝凤蝶（*Byasa mencius*）、麝凤蝶（*Byasa alcinous*）、云南麝凤蝶（*Byasa hedistus*）、青凤蝶（*Graphium sarpedon*）、碧凤蝶（*Papilio bianor*）、柑橘凤蝶（*Papilio xuthus*）、蓝凤蝶（*Papilio protenor*）、玉带凤蝶（*Papilio polytes*）、华夏剑凤蝶（*Pazala mandarina*）、圆翅剑凤蝶（*Pazala incerta*）、斐豹蛱蝶（*Argyreus hyperbius*）、白斑俳蛱蝶（*Parasarpa albomaculata*）、大二尾蛱蝶（*Polyura eudamippus*）、二尾蛱蝶（*Polyura narcaea*）、针尾蛱蝶（*Polyura dolon*）、锯带翠蛱蝶（*Euthalia alpherakyi*）、渡带翠蛱蝶（*Euthalia duda*）、傲白蛱蝶（*Helcyra superba*）、黑脉蛱蝶（*Hestina assimilis*）、翠蓝眼蛱蝶（*Junonia ori-*

thya）、绿尾大蚕蛾（*Actias selene ningpoana*）、黄豹大蚕蛾（*Leopa katinka*）、辛氏珠天蚕蛾（*Saturnia sinjaevi*）、玉边目夜蛾（*Erebus albicinctus*）、凡艳叶夜蛾（*Eudocima fullonica*）、镶艳叶夜蛾（*Eudocima homaena*）、蓝条夜蛾（*Ischyja manlia*）等。

2.4.2 授粉昆虫

授粉昆虫主要包括直翅目、半翅目、缨翅目、鳞翅目、鞘翅目、双翅目昆虫和膜翅目昆虫（吴燕如，1965），其种类繁多，传粉特性和效果也各不相同。膜翅目是自然界传粉昆虫中种类最多、数量最大的类群，其中蜜蜂类的传粉作用最突出。黑竹沟保护区内的授粉昆虫有中华蜜蜂（*Apis cerana cerana*）、眠熊蜂（*Bombus hypnorum*）、西伯利亚熊蜂（*Bombus asiaticus*）、弯斑姬蜂虻（*Systropus curvittatus*）、短毛斑金龟（*Lasiotrichius succinctus*）等；除此以外，保护区鳞翅目昆虫资源丰富，蝶类和蛾类在访花吸蜜的同时，携带的花粉也可传授给显花植物。

2.4.3 天敌昆虫

天敌昆虫是维持森林生态系统平衡的重要因子，包括寄生性昆虫、捕食性昆虫和控制其他有害生物的昆虫。保护区内天敌昆虫以捕食性昆虫为主，包括橘红猎蝽（*Cydnocoris gilvus*）、黑角嗯猎蝽（*Endochus nigricornis*）、六刺素猎蝽（*Epidaus sexpinus*）、环斑猛猎蝽（*Sphedanolestes impressicollis*）、异螋（*Allodahlia scabriuscula*）、克乔球螋（*Timomenus komarovi*）、长裳树蚁蛉（*Dendroleon javanus*）、约马蜂（*Polistes jokahamae*）、墨胸胡蜂（*Vespa velutina*）、长尾曼姬蜂（*Mansa longicauda*）、中国丽步甲（*Calleida chinensis*）、幽似七齿虎甲（*Pronyssiformia excoffieri*）、粗纹步甲（*Carabus crassesculptus*）、狭边青步甲（*Chlaenius inops*）、偏额重唇步甲（*Diplocheila latifrons*）、耶屁步甲（*Pheropsophus jessoensis*）、烁颈通缘步甲（*Poecilus nitidicollis*）、四斑月瓢虫（*Chilomenes quadriplagiata*）、赤星瓢虫（*Lemnia saucia*）、龟纹瓢虫（*Propylea japonica*）、圆胸地胆芫菁（*Meloe corvinus*）、弯斑姬蜂虻、角胸屏顶螳、中华大刀螂（*Tenodera sinensis*）等。

2.4.4 环境指示昆虫

昆虫以其世代周期短、个体微小、活动范围小、易采集、生殖潜能大、种群数量大、种群波动大和对栖息环境扰动敏感等特性，在环境变化和生物多样性指示方面应用广泛。利用环境指示昆虫的生物监测方法，可揭示和评价各类生态系统在某一时段的环境质量状况，为区域生态环境质量的变化趋势预测提供依据（白耀宇，2010）。保护区内可应用于水环境质量监测的昆虫有高翔蜉（*Epeorus* sp.）、费襀（*Filchneria* sp.）、新襀（*Neoperla* sp.）、瘤石蛾（*Goera* sp.）和角石蛾（*Stenopsyche* sp.）等；可应用于监测与评价森林环境质量的昆虫有青凤蝶、柑橘凤蝶、东方菜粉蝶、菜粉蝶（*Pieris rapae*）、幽矍眼蝶（*Ypthima conjuncta*）、苎麻珍蝶（*Acraea issoria*）等。

3 鱼 类

3.1 调查方法

鱼类多样性调查主要采用样线法和样点法。样线法即沿着河沟一边走一边不时利用渔网进行捕捞，样线长度6~8 km；样点法则是在样线上选择几处水流较缓、水体较深的点，用钓竿、捞网和虾笼进行定点捕捞。本次调查于2018年4月、6—7月、12月进行，将采集的鱼类标本浸入5%浓度的福尔马林溶液固定，对于个体较大的鱼，同时从胸鳍腋部和背部向其体内注射5%浓度的福尔马林溶液，然后再浸泡固定。渔获标本全部带回实验室进行拍照、测量体长及鉴定。标本保存于四川大学自然博物馆（NHMSU）动物标本室。标本鉴定依据《中国鱼类系统检索》和《四川鱼类志》等书籍。

3.2 物种组成与区系

根据实地调查并结合历史资料，已确认保护区内共有鱼类5种，隶属于1目3科5属，分别是山鳅（*Oreias dabryi*）、贝氏高原鳅（*Triplophysa bleekeri*）、麦穗鱼（*Pseudorasbora parva*）、齐口裂腹鱼（*Schizothorax prenanti*）、黄石爬鮡（*Euchiloglanis kishinouyei*）。长江上游特有鱼类4种，分别为山鳅、贝氏高原鳅、齐口裂腹鱼和黄石爬鮡。

2004年的科学考察报告记录保护区内有13种鱼类，捕获的标本仅3种：麦穗鱼、齐口裂腹鱼和黄石爬鮡。2018年的野外调查新采集到山鳅和贝氏高原鳅2种鱼类标本，其中山鳅为保护区新增记录。2004年采集到的3种鱼类标本加上2018年捕获的2种，实际采集标本记录共5种。保护区由于海拔较高，溪流湍急，河道较狭窄，加之官料河流域电站较多，捕捞严重，调查组认为现在保护区的鱼类资源已经较少，同时原记录中有些物种应该主要是分布在大渡河及较宽阔的支流中，因此对未采到标本的原科考记录物种没有列入本次物种名录。

根据鱼类的地理分布区域进行划分，保护区鱼类区系成分有3种类型——中国平原复合体1种：麦穗鱼；中亚高原山区复合体3种：贝氏高原鳅、山鳅、齐口裂腹鱼；中印（西南）山区复合体1种：黄石爬鮡。在5种鱼类中，鲤形目鲤科的种类多，与四川乃至全国内陆淡水鱼类组成相似；裂腹鱼亚科高原鳅属种类有一定比例，这与四川西北和我国西南部江河鱼类组成的特征相符。

如下是上述5种鱼类的简介：

1. 山鳅 *Oreias dabryi*

长江上游的特有鱼类，主要分布在青衣江、岷江、嘉陵江、涪江上游、大渡河、雅砻江和金沙江。为小型底栖型鱼类，多生活在水流湍急，水质清澈，有石砾、岩缝和洞穴的河段。食物主要是底栖无脊椎动物或昆虫幼虫等，也食植物碎屑。

2. 贝氏高原鳅 *Triplophysa bleekeri*

长江上游的特有鱼类，分布于长江上游干支流。小型鱼类，生活于开阔河流和山溪石滩浅水处，食着生藻类。

3. 麦穗鱼 *Pseudorasbora parva*

分布于长江中、下游，珠江，钱塘江，黄河，辽河，黑龙江等。多生活在池塘、稻田和水库中，产卵并发育孵化于石壁或杂草上。食物主要是浮游生物，如枝角类、桡足类、轮虫等，也摄取藻类、水草及食物碎屑等。

4. 齐口裂腹鱼 *Schizothorax prenanti*

分布于长江、大渡河、岷江及嘉陵江上游等地。多生活于缓流的沱中，摄食季节在底质为沙和砾石、水流湍急的环境中活动，秋后向下游动，在河流的深坑或水下岩洞中越冬，产卵于水流较急的砾石河床中。以动物性食料为主食，食物中几乎90%是水生昆虫和其他昆虫幼体，也吞食小型鱼类、小虾及极少量的着生藻类。

5. 黄石爬鮡*Euchiloglanis kishinouyei*

长江上游的特有鱼类，分布于长江上游金沙江、岷江水系。为中小型底栖鱼类，常匍匐在河流砾石滩上生活，食水生昆虫及其幼虫。

3.3 分布

保护区的河流主要为官料河上游以及主要支流西河。从调查情况看，保护区海拔2 000 m以上的河段没有采集到鱼类标本，鱼类主要分布在官料河上游的612、611林场段，以及西河河口段。

按鱼类主要生活环境和生活水层的不同，该区鱼类可划分为下列几种生态类群：

（1）静水水体中上层类群：只有麦穗鱼一种，生活于保护区内的一些静水水体中，形成优势种群。

（2）流水、急流水中下层类群：有齐口裂腹鱼，它们以着生藻类为食，适应性较强，分布范围较广。

（3）洞缝隙中生活的类群：有山鳅和贝氏高原鳅，主要生活在流水、急流水底的洞缝隙中，白天多隐蔽和活动在砾石、卵石等物体间的洞缝隙中，夜间到外面活动，一有惊扰就藏入洞隙中。

（4）流水、急流水底吸着生活的类群：此类群为鮡科的黄石爬鮡，它们能沿跌水、瀑布等的侧流水游到上面河道中。

4 两栖动物类

4.1 调查方法

两栖动物采用样线法调查。由于两栖动物活动多要求湿润的环境，所以样线的布设除常规线路调查外，主要沿湖泊、溪流、湿地等设置。两栖动物夜晚活动频繁，所以需辅以夜晚调查。本次调查于2018年4月、6—7月、8月、9月以及2020年8月进行，调查生境主要有高原山涧、小流溪、沼泽、水沟、水凼和灌丛。行走样线的过程中，观察并记录所见的两栖动物，辅以蛙鸣声辨认和相机拍照，记录两栖类物种、个体数量、栖息生境及海拔高度等，并采集少数标本供分类鉴定和制作浸泡标本用，标本保存在四川大学自然博物馆和宜宾学院。

4.2 物种组成与区系

根据《中国两栖动物及其分布彩色图鉴》的分类系统（费梁，等，2012），保护区内的两栖动物有2目8科17种（18种及亚种）（见附表3），占全国两栖类种及亚种数（种及亚种数为406，不包含引进种）的4.43%。保护区内有国家二级重点保护两栖动物1种——大凉螈（*Liangshantriton taliangensis*），中国特有两栖类9种，分别为山溪鲵（*Batrachuperus pinchonii*）、大凉螈、大蹼铃蟾

(*Bombina maxima*)、沙坪角蟾（*Megophrys shapingensis*）、华西雨蛙（*Hyla annectans*）、棘皮湍蛙（*Amolops granulosus*）、棕点湍蛙（*Amolops loloensis*）、峨眉林蛙（*Rana omeimontis*）和宝兴树蛙（*Rhacophorus dugritei*）。保护区内的中国特有两栖类占比高，这可能是由于横断山区作为第四纪冰期的避难地，有利于两栖类的保存和分化。

2004年，保护区综合科学考察记录有两栖类17种（及亚种），捕获到标本5种，分别是：山溪鲵、中华蟾蜍华西亚种（*Bufo gargarizans andrewsi*）、华西雨蛙、棕点湍蛙、宝兴树蛙。2018年和2020年野外调查采集到5种两栖类标本，分别是：大凉螈、沙坪角蟾、中华蟾蜍指名亚种（*Bufo gargarizans gargarizans*）、四川湍蛙（*Amolops mantzorum*）和棘腹蛙（*Quasipaa boulengeri*），其中沙坪角蟾为保护区新增记录。

根据《中国动物地理》（张荣祖，2011）对两栖动物类区系的划分，保护区内17种两栖动物（未涉及亚种）中，东洋界有15种，占88.24%，古北界有2种，占11.76%。分布型以喜马拉雅—横断山区型为主，有10种，占保护区两栖类种数的58.82%；南中国型有3种，占17.65%；东洋型和季风型各2种，分别均占保护区两栖类种数的11.76%。保护区内两栖类分布型以喜马拉雅—横断山区型为主，兼具东洋型、南中国型、季风型等分布型物种；其区系特征与保护区地处西南区的地理位置相符，即以喜马拉雅—横断山区型为主，兼具其他成分。

表4–1 黑竹沟国家级自然保护区两栖动物类物种组成统计

目 名	有尾目		无尾目					
科 名	小鲵科	蝾螈科	铃蟾科	蟾蜍科	角蟾科	雨蛙科	蛙科	树蛙科
种及亚种数/种	1	1	1	2	1	1	10	1
占总种及亚种数百分比/%	5.56	5.56	5.56	11.11	5.56	5.56	55.56	5.56

保护区内17种两栖动物的简述如下：

1.沙坪角蟾 *Megophrys shapingensis*

体形较大，雄蟾体长约77 mm，雌蟾体长94 mm左右。头扁平，宽略大于长；吻部盾形，吻棱角状；瞳孔纵置；无鼓膜。体背皮肤较光滑，有3对由痣粒组成的点形肤棱；腹面光滑。头、肩前部红棕色，背部和四肢背面绿灰色，眼间倒三角斑和背部点斑酱黑色；腹面色泽多变，多具橘黄色点斑。栖息在海拔2 000~3 200 m的山溪及其附近。因食害虫及其幼虫，对农牧业有一定作用。此为中国特有种，仅分布在四川，见于汶川、茂县、彭州、宝兴、峨眉、峨边、石棉、冕宁、泸定、越西、昭觉、美姑、西昌、会理等地。

野外调查在616林场的二岔河捕获到实体。

2. 中华蟾蜍 *Bufo gargarizans*

别名癞蛤蟆。在《中国脊椎动物红色名录》中将中华蟾蜍作为独立种，华西蟾蜍为其下的亚种，濒危等级为LC；在《中国两栖动物及其分布彩色图鉴》中2个亚种濒危等级均为LC。雄蟾体长约95 mm，雌蟾体长105 mm左右。头宽大于头长，吻圆而高，瞳孔横椭圆形，鼓膜显著。皮肤粗糙，仅头部光滑，体背瘰粒多而密，胫部瘰粒大；腹部密布疣粒。雄蟾背面黑绿色、灰绿色或绿褐色，雌蟾色浅；体侧有深浅相间的花纹；腹面乳黄色，具黑色或棕色花斑。繁殖期1—2月。栖息在海拔1 500 m以下环境潮湿的地方，以多种昆虫为食。国内除宁夏、新疆、西藏、青海、云南和海南外，其余各省均有分布。

在保护区分布广，种群数量较多，常见。

3. 宝兴树蛙 *Rhacophorus dugritei*

别名宝兴泛树蛙。雄蛙体长约44 mm，雌蛙体长约61 mm。头扁平，宽大于长；雄蛙吻端斜尖，雌蛙吻端高而圆；鼓膜小而明显。指、趾端具吸盘。皮肤较粗糙，背面有小疣。体背绿色或深棕色，杂以不规则棕色圆斑；少数个体背面棕绿色或纯绿色；腹面乳白色，杂有黑色点斑或云斑。繁殖期5—6月，卵白色。栖息在保护区内海拔1 400 m以上的静水水域及其附近。国内分布在四川、云南和湖南。

在马里冷觉听到鸣叫声，未采集到标本。

4. 山溪鲵 *Batrachuperus pinchonii*

隶属于有尾目小鲵科。俗称“杉木鱼”，易危物种。雄鲵全长181~201 mm，雌鲵全长150~186 mm。头部略扁平，头长大于头宽，吻端圆，唇褶很发达，上唇褶包盖下唇后部，成体颈侧无鳃孔或鳃枝残迹，躯干圆柱状，皮肤光滑（少数地区有皮肤满布瘰疣的多态性变异个体），体色变异很大，不同地区颜色不相同，一般多为青褐色、橄榄绿、棕黄等。生活于海拔1 500~3 950 m的山区流溪内，一般不远离水域，多栖于大石下或倒木下。此为中国特有种，分布于陕西、四川、云南、贵州。

保护区内有一定种群数量，野外调查在615林场的杉木沟捕获到实体。

5.大凉螈*Liangshantriton taliangensis*

国家二级重点保护野生动物，《中国濒危动物红皮书》将其列为濒危物种，IUCN红色名录将其列为近危物种。体形中等，全长180~230 mm。头部扁平，犁骨齿呈“∧”形。皮肤粗糙，背面密布瘰粒。耳后腺、四肢的指趾端和尾下均为橘黄色，其余体部棕黑色或黑褐色。繁殖期5—6月，卵单生。多栖息在海拔1 300~2 700 m山区的水塘及其附近草丛中。此为中国特有种，仅分布在四川昭觉、美姑、峨边、石棉、冕宁和汉源。该种分布狭窄，数量有限，干制品在产区曾被当作“羌活鱼”（山溪鲵）被收购，因而曾被大量捕猎，数量急剧减少。

野外调查在611林场绝壁沟附近林间的一处天然水塘捕获到2只成体和1只幼体，观察到13只成体。该种除在保护区内分布外，在保护区外也有分布，常被当地居民捕捉作为药物使用，对该物种的种群造成破坏。

6.四川湍蛙*Amolops mantzorum*

别名涨水气蟆。体形中等，雄蛙体长约52 mm，雌蛙体长68 mm左右。头长宽几相等；吻端圆，吻棱明显；鼓膜小而显著。第一指吸盘小且无横沟，其余各指、趾均有吸盘和横沟。皮肤光滑，无背侧褶。体背、四肢背面绿色或蓝绿色，杂以不规则的棕色花斑；腹面和四肢腹面乳黄色，无斑。繁殖期5—10月，卵乳黄色。栖息在海拔600~3 800 m的山溪和河流两岸。国内分布在甘肃、四川和云南。

野外调查在挖拟依打捕获到实体。

7.棘皮湍蛙*Amolops granulosus*

雄蛙体长约40 mm，雌蛙体长52 mm左右。头扁平，长略大于宽；吻端尖圆，吻棱明显；鼓膜较小。皮肤较光滑，雄蛙背面有许多小白刺，雌蛙明显减少。体背紫褐色，具绿色点斑；体侧绿色，杂以黑棕色花斑；腹面乳黄色。四肢背面有黑色横纹。栖息在海拔700~2 200 m的山溪及其附近，非繁殖季节分散栖息于森林草地内，繁殖季节集群进入溪流配对产卵。国内分布在四川和湖北。

野外调查未发现，资料记录显示在保护区有分布。

8.棕点湍蛙*Amolops loloensis*

雄蛙体长约58 mm，雌蛙体长74 mm左右。头长宽几相等，吻端较圆，鼓膜小而不显。指、趾具吸盘和马蹄形横沟，趾间全蹼。皮肤较光滑，无背侧褶。体背和体侧深绿色，具大小不等、周围镶有浅绿色细边的斑点；腹面灰黄色。四肢背面有周围镶有浅绿色细边的棕色横纹。栖息在海拔2 100~3 200 m的山溪，成蛙白天多隐蔽在溪边石下或土洞内；黄昏时多蹲在水中或岸边石上，受惊扰后立即跃入溪水中。此为中国特有种，仅分布在四川，见于昭觉、越西、美姑、西昌、冕宁、荥经、天全和宝兴。

野外调查在挖拟依打及保护区附近山溪间发现实体。

9. 大蹼铃蟾 *Bombina maxima*

雄蟾全长约49 mm，雌蟾全长46 mm左右。头宽略大于头长，吻钝圆，无鼓膜。皮肤粗糙，背面密布大瘰粒，体侧和四肢多刺疣。体背银灰棕色，肩部具一绿斑；腹面有橘红色斑和黑色斑相间排列。四肢粗壮，趾间全蹼或近全蹼。繁殖期5—6月，多为分散单个卵。栖息在海拔2 000~3 600 m的静水环境中，以膜翅目、鞘翅目、双翅目等昆虫为食，对农、林业有益。分布在四川、云南和贵州，主要集中于横断山系东侧。

野外调查未发现，资料记录显示在保护区有分布。

10. 华南湍蛙 *Amolops ricketti*

雄蛙体长约56 mm，雌蛙体长58 mm左右。头扁平，宽略大于长；吻端钝圆，吻棱明显；鼓膜较小而不显。指、趾端具有吸盘和横沟，趾间全蹼。皮肤较粗糙，体背密布小疣粒和痣粒，体侧多大疣粒；无背侧褶。背面具黄绿色和褐色相间的斑纹，腹面乳白色。四肢背面有深色横纹。繁殖期5—6月，雌蛙产卵1 000粒左右。栖息在海拔400~1 500 m的大小山溪和水坑附近，以蝗虫、蟋蟀、金龟子和鳞翅目昆虫及其幼虫为食。华南湍蛙种在《中国动物地理》《中国两栖动物及其分布彩色图鉴》等书籍资料中仍标注为中国特有种，而其他新近资料（IUCN红色名录以及《中国脊椎动物红色名录》）显示其为非特有种。国内分布在长江以南各省。

野外调查未发现，资料记录显示在保护区有分布。

11. 棘腹蛙 *Quasipaa boulengeri*

别名梆梆鱼、石坑、石蛙等。体型较大，雄性体长100 mm左右，雌性略小，约99 mm。头宽大，吻端圆，犁骨齿呈“\ /”形。皮肤粗糙，背面土棕色或棕褐色，雄性胸腹部密布大小黑刺疣，雌性腹面光滑。产卵期5—8月。栖息在海拔700~1 900 m的山溪瀑布下，主要以鞘翅目、鳞翅目和直翅目昆虫为食，对林业有益。国内分布在山西、陕西、甘肃、四川、贵州、湖北、湖南和广西。

野外调查在616林场二岔河捕获到实体。

12. 无指盘臭蛙 *Odorrana grahami*

别名青鸡。体形较大，雄蛙体长约76 mm，雌蛙体长92 mm左右。头扁平，长与宽几相等；吻较长，吻棱明显；鼓膜较大。皮肤较光滑，体侧具疣粒，雄蛙胸腹部密布小白刺。体背绿色具不规则棕色斑或棕褐色具不规则绿色斑，腹面浅黄色。四肢背面有深浅相间的横纹。栖息在海拔1 700~3 200 m的山溪及其附近灌草丛。国内分布在四川、云南和贵州。

野外调查未发现，资料记录显示在保护区有分布。

13. 泽陆蛙 *Fejervarya multistriata*

别名泽蛙。雄蛙体长约40 mm，雌蛙体长46 mm左右。头长大于头宽，吻端尖，瞳孔横椭圆形，鼓膜圆形。皮肤粗糙，体背有多行长短不等的纵肤褶，无背侧褶。背面灰棕色、灰绿色或土灰色，腹面浅白色或乳黄色。四肢背面有深色横纹。雄蛙有单咽下外生囊。栖息在海拔2 000 m以下的稻田、沼泽、水塘、水沟及其附近草丛，以直翅目、鞘翅目、鳞翅目等昆虫为食。因食害虫，对农业有益。国内分布在南方各省。

野外调查未发现，资料记录显示在保护区有分布。

14. 黑斑侧褶蛙 *Pelophylax nigromaculatus*

别名黑斑蛙、青蛙、田鸡。雄蛙体长约62 mm，雌蛙体长74 mm左右。头长略大于头宽，吻钝圆，眼间距窄，鼓膜显著。皮肤较光滑，背侧褶较窄。体背黄绿、深绿或略带灰棕色，具大小不等的黑斑；四肢背面有黑色横斑。栖息在平原和丘陵的池塘、水沟、稻田、水库、河流和沼泽地区，以多种昆虫为食，对农业有益。国内除新疆、西藏、青海、台湾和海南岛外，其余各省均有分布。

野外调查未发现，资料记录显示在保护区有分布。

15. 花臭蛙 *Odorrana schmackeri*

别名花蛤蟆。雄蛙体长约45 mm，雌蛙体长80 mm左右。头扁平，长略大于宽；吻钝圆而略尖，吻棱明显；瞳孔横椭圆形；鼓膜大。指、趾端具吸盘和横沟。背面绿色，体侧黄绿色，均杂以棕褐色块斑；腹面乳白或乳黄色。四肢背面具深色横纹。繁殖期7—8月，雌蛙产卵1 450粒左右。栖息在海拔200~1 500 m的大小山溪，以昆虫为食。因食害虫，对林业有益。国内分布在秦岭以南各省。

野外调查未发现，资料记录显示在保护区有分布。

16. 峨眉林蛙 ***Rana omeimontis***

雄蛙体长约60 mm，雌蛙体长67 mm左右。头长略大于头宽，吻端钝尖，瞳孔横椭圆形，鼓膜显著。皮肤较光滑，无或仅背面有少量圆疣。体背绿黄色、深黄色或褐灰色，无或有少量黑色斑点；腹面白色或乳黄色。四肢背面具褐色横纹。繁殖期8—9月。栖息在海拔500~2 100 m山区的森林和草丛中，以昆虫和其他小型动物为食。国内分布在四川、甘肃、贵州、湖南和湖北。

野外调查未发现，资料记录显示在保护区有分布。

17. 华西雨蛙 ***Hyla gongshanensis***

雄蛙体长约33 mm，雌蛙体长39 mm左右。头宽大于头长，吻圆而高，瞳孔横椭圆形，鼓膜圆。背部皮肤光滑，上眼睑外缘至头后侧有疣粒；腹面具颗粒状圆疣。体背纯绿色，从鼻孔沿吻棱经上眼睑外侧、鼓膜上方有紫灰略带金黄的线纹；体侧中段以后出现黄色，具黑色大点斑；腹面乳白色。指、趾端均有吸盘。繁殖期5—6月，雌蛙产卵1 300粒左右。栖息在海拔700~2 400 m的静水水域及其附近草丛中。此为中国特有种，仅分布在四川，见于越西、石棉、汉源、峨眉、洪雅、天全、芦山、宝兴、荥经。

野外调查未发现，资料记录显示在保护区有分布。

4.3 分布

物种的地理分布与生态环境具有密切的关系，黑竹沟保护区植被丰富、水系密布，保护区内大量的溪流、水塘、沼泽湿地、森林为两栖动物提供了多样的生存环境。两栖动物的生存繁衍与水、热条件有极大的关系，保护区的两栖动物主要分布于海拔2 000 m以下的湿地环境。由于区内电站建设，对两栖动物的生境造成了一定程度的破坏。人为捕捉，对两栖动物的种群也造成一定的影响，调查人员在调查中发现有人捕捉棘腹蛙。

根据两栖动物与水环境关系的密切程度不同，可以将其分为水栖、陆栖和树栖3种生活类型。

（1）水栖类型：它们与水环境的关系最密切，繁殖期和非繁殖期都栖息在水中，只有夜间和晨昏觅食时才到水中露出的石头、土堆和溪流两岸的陆地上。如喜居于流溪内的山溪鲵，喜居于溪流及周边的四川湍蛙、棘皮湍蛙、华南湍蛙、无指盘臭蛙、棘腹蛙等。

（2）陆栖类型：它们主要在繁殖期进入水环境中繁殖，其余时间主要生活在陆地上的阴湿环境中，如大凉螈、大蹼铃蟾、中华蟾蜍、泽陆蛙等。

（3）树栖类型：此类的成体经常生活在树上，有的种类也常栖息在低矮的灌丛或草丛中，产卵在静水域、水边泥窝或水塘上空的树叶上，如华西雨蛙、宝兴树蛙。

5 爬行动物类

5.1 调查方法

爬行动物采用样线法调查。根据爬行动物栖息环境的特点，在灌丛、草地、农田及水域等生境布设代表性的调查样线。样线调查时间为9:00—12:00、15:00—17:00和19:00—24:00。本次调查于2018年4月、6—7月、8月、9月以及2020年8月进行。野外调查时，调查人员沿样线缓慢步行，搜寻爬行动物，并翻寻爬行动物可能掩藏的地点，发现爬行动物后，记录位点并拍照。夜间调查时，借用强光手电照明。标本采集采用网捕法和徒手捕捉法，标本用70%的酒精固定带回室内鉴定，采集的标本保存在四川大学自然博物馆和宜宾学院。

5.2 物种组成与区系

根据《中国爬行纲动物分类厘定》（蔡波，等，2015）的分类系统，保护区的爬行动物有1目4科23种（见附表4），占中国爬行类种数（462种）的4.98%，各物种组成见表5-1。调查结果较2004年保护区综合科学考察记录的15种新增8种，分别是：丽纹攀蜥（*Japalura splendida*）、王锦蛇（*Elaphe carinata*）、赤链蛇（*Lycodon rufozonatum*）、乌梢蛇（*Ptyas dhumnades*）、瓦屋山腹链蛇（*Hebius metusia*）、颈槽蛇（*Rhabdophis nuchalis*）、黑纹颈槽蛇（*Rhabdophis nigrocinctus*）、台湾烙铁头（*Ovophis makazayazaya*）。

保护区内无国家重点保护爬行动物，横纹玉斑蛇（*Euprepiophis perlacea*）和瓦屋山腹链蛇被IUCN评为濒危（EN）等级；黑眉晨蛇（*Orthriophis taeniurus*）、横纹玉斑蛇、王锦蛇3种被《中国脊椎动物红色名录》评为濒危（EN）等级；有中国特有物种6种，分别为康定滑蜥（*Scincella potanini*）、丽纹攀蜥、横纹玉斑蛇、瓦屋山腹链蛇、中国钝头蛇（*Pareas chinensis*）、九龙颈槽蛇（*Rhabdophis pentasupralabialis*）。

表5-1　黑竹沟国家级自然保护区爬行动物物种组成

目名	有鳞目			
科名	石龙子科	鬣蜥科	游蛇科	蝰科
种数/种	3	1	15	4
占总种数百分比 / %	13.04	4.35	65.22	17.39

保护区内爬行动物的区系组成以东洋界为主，有21种，占保护区爬行类种数的91.30%；古北界仅有2种，且均属于季风型，占保护区爬行类种数的8.70%。东洋界中的分布型以南中国型为主，有11种，占保护区爬行类种数的47.83%；其次为东洋型7种，喜马拉雅–横断山区型3种，分别占30.43%和13.04%。

保护区内23种爬行动物的简述如下：

1.康定滑蜥*Scincella potanini*

体型细长，头体长45~66 mm，尾长61~85 mm。头小，吻短而钝，无上鼻鳞，耳孔小，鼓膜深陷。四肢较弱。体背圆鳞，覆瓦状排列，背鳞大于体侧鳞，环体中段鳞24~29行。体背棕褐色，中央具一黑色纵纹；腹面深灰色。尾尖棕黄色；腹面白色，密布黑色斑点。卵生。食有害昆虫，对人类有益。常发现于高海拔地区的森林下溪旁杂草间及山坡碎石块下，或有稀疏灌丛、杂草亦浅的潮湿地，浸水沼泽地，朽木下，石堆下及灌木丛下泥缝间松土里。此为中国特有种，分布于四川、甘肃等地。

野外调查未发现，资料记录显示在保护区有分布。

2.铜蜓蜥*Sphenomorphus indicus*

头体长63~90 mm，尾长97~160 mm。吻短而钝；眼睑发达；耳孔卵圆形；

鼓膜小而下陷。体表被覆圆鳞，覆瓦状排列，光滑无棱。体背古铜色，具金属光泽，中央有一黑脊线，两侧的黑褐色斑点缀连成行；体侧有一黑褐色宽纵纹；腹面白色、灰白色或青灰色。卵胎生，繁殖期7—8月，每胎产7~8仔。栖息在海拔100~2 000 m的平原和山区，以小型节肢动物为食。国内分布在四川、安徽、福建、甘肃、广东、广西、贵州、河南、湖北、湖南等地。

野外调查在616林场、611林场记录到实体。

3.蓝尾石龙子 *Plestiodon elegans*

体型较小，头体长60~91 mm，尾长81~153 mm。吻高，鼻孔较大，鼓膜深陷。背鳞光滑无棱。体背棕黑色，具5条浅色纵纹；尾部蓝色。卵生，繁殖期8月，每次产2~13枚卵。栖息在低海拔的草丛、石缝或路边，主要以昆虫为食。因食害虫，对农林业有益。国内分布在华北、华东、中南、华南和西南等地。

野外调查未发现，资料记录显示在保护区有分布。

4.丽纹攀蜥 *Japalura splendida*

体型侧扁，头体长78~100 mm，尾长184~245 mm。吻短而钝，吻棱明显；鼓膜被鳞；有喉褶。背鳞大小不一；腹面鳞片大小一致，具强棱。体背灰黑色，杂以绿色斑纹；体侧各有一蓝绿色纵纹；腹面灰白色。尾具深浅相间的环纹。繁殖期6—7月，每次产5~9枚卵。栖息在山区灌丛杂草间或岩石上，以昆虫和其他小型无脊椎动物为食。此为中国特有种，分布在甘肃、四川、贵州、河南、湖北、湖南、陕西和云南。

野外调查未发现，资料记录显示在保护区有分布。

5.翠青蛇 *Cyclophiops major*

体型中等，全长755~1 075 mm。头小，头颈区分不明显；眼大，瞳孔圆形。背鳞光滑，腹鳞154~186枚。通体背面草绿色，腹面黄绿或浅黄绿色。卵生，每次产7~10枚卵。栖息在海拔300~1 700 m平原、丘陵或山地的树林、竹林、草丛和田野中，以蚯蚓和昆虫为食。国内分布在安徽、福建、广东、广西、贵州、甘肃、河南、湖北、湖南、上海和四川等地。

野外调查未发现，资料记录显示在保护区有分布。

6.玉斑蛇 *Euprepiophis mandarinus*

曾用名玉斑锦蛇，别名玉带蛇、花蛇、神皮花蛇。全长1 m左右，尾长约为全长的1/5。体圆长，头颈区分明显，背鳞光滑。背面紫灰或灰褐色，具黑色菱斑，菱斑中央黄或橘黄色；腹面灰白，具黑斑。卵生，产卵期6—7月，每次产5~16枚卵。栖息在海拔300~1 500 m的平原、山区和林地中，以小型哺乳动物为食，也吃蜥蜴。属易危种。主要分布于保护区内的低海拔区域，栖息于水沟边的杂草丛等环境。国内分布在北京、天津、上海、重庆、辽宁、江苏、浙江、安徽、福建、台湾、江西、湖北、湖南、广东、广西、四川、贵州、云南、西藏、陕西和甘肃。

野外调查未发现，资料记录显示在保护区有分布。

7.黑眉晨蛇 *Orthriophis taeniurus*

曾用名为黑眉锦蛇，别名家蛇、黄颌蛇、菜花蛇。体型较大，全长可达2 m或以上。头较长，与颈区分明显。背鳞中央数行微棱，其余光滑；腹鳞227~247枚。头体背面黄绿或棕灰色，眼后各有一黑眉状斑纹；腹面浅灰或灰黄色。卵生，7—8月产卵，每次产2~13枚卵。栖息在平原、丘陵或山区的稻田、河边或住宅附近，以蛙、鸟、鸟卵和鼠类为食。属易危种，被《中国脊椎动物红色名录》评定为濒危等级。国内分布在安徽、北京、福建、广东、广西、四川、甘肃、河北、河南等地。

野外调查在616林场低海拔处捕获到实体。

8.紫灰蛇 *Oreocryptophis porphyraceus*

曾用名紫灰锦蛇，全长可达1 m左右，尾长占全长的1/7~1/6。头背具3条黑色纵纹，背面紫灰或紫铜色，自颈至尾具边缘色深的横斑块；腹面淡紫、淡棕或玉白色。卵生，繁殖期6—8月，每次产5~7枚卵。栖息在海拔200~2 400 m的山地林区、平原、丘陵和民宅附近，以小型啮齿动物、蛙、蜥蜴和昆虫为食。属易危种。国内分布在河南、陕西、甘肃、西藏、四川、云南、贵州和安徽等地。

野外调查未发现，资料记录显示在保护区有分布。

9.横纹玉斑蛇 *Elaphe perlacea*

曾用名横斑锦蛇，全长115 cm左右，尾长约占全长的1/5。背中央明显起棱，两侧平滑。头部具2块黑横斑和1块“∧”形的斑纹，眼后具黑斑。体背茶褐色，具边缘白色的黑色横斑；两侧和腹面铅色。栖息在海拔2 000~2 500 m落叶阔叶林和农耕地周围的灌草丛中。四川省重点保护野生动物，属易危种，被IUCN列为濒危等级。自1929年被首次发现以来，20世纪80年代在汶川、卧龙、泸定、石棉等地均发现有该种分布，2002年在美姑采到该种标本，2004年在保护区内采到其标本。此为中国特有种，仅分布在四川雅安、汶川和泸定山区。

野外调查在611林场、612林场和616林场捕获到实体5条，说明该种在四川盆地西南部以及横断山脉东缘可能有一定数量的分布。建议将该物种作为重点对象进行详细调查，弄清它的分布范围及数量，并开展保护生物学研究。

10. 王锦蛇 *Elaphe carinata*

别名王蛇、王字头、菜花蛇等。体粗壮，全长2 m左右。头背鳞缝黑色，呈王字斑纹。背鳞最外2行平滑，其余均起强棱。成体头棕黄色，背面黑色，杂以黄色花斑；腹面黄色。卵生，产卵期6—7月，每次产8~12枚卵。栖息在海拔300~2 300 m平原、丘陵和山地中，以蛙、蜥蜴、鸟、鼠和其他蛇类为食。属易危种，被《中国脊椎动物红色名录》评定为濒危等级。国内分布在河南、陕西、四川、云南、贵州、湖北、安徽、江苏、浙江、江西、湖南等地。

野外调查在616林场低海拔区捕获到实体。

11. 赤链蛇 *Lycodon rufozonatum*

别名火赤蛇。体较粗壮，全长100~150 cm。头宽扁，吻端钝圆。背鳞中段光滑，后端微棱；腹鳞184~225枚。背面黑或黑褐色，具珊瑚红色的窄斑；腹面前段黄白或灰黄色，后段淡红黄色，杂以黑褐色点斑。卵生，每次产10余枚卵。栖息在田野、村舍和水域附近，以鱼、蛙、蜥蜴、蛇、鸟和鼠类为食。除宁夏、新疆、青海外，全国均有分布。

野外调查未发现，资料记录显示在保护区有分布。

12. 乌梢蛇 *Ptyas dhumnades*

别名乌风蛇、乌蛇。大型蛇类，全长168~265 cm。头小，眼大，尾较长。背鳞中央2~4行起棱，中央2行棱特强。背面棕褐、灰褐或黑褐色，中央有1条浅色或黄褐色或棕色纵纹；腹面灰白色。卵生，产卵期5—7月，每次产13~17枚卵。栖息在海拔300~1 600 m的平原、丘陵和山区的田野、林下、灌丛、草地等处，以鱼、蛙、蜥蜴、鼠等为食。国内分布在河北、河南、陕西、甘肃、四川、贵州、湖北、安徽、江苏、浙江、江西、湖南、福建、台湾、广东和广西。

野外调查中捕获到实体。

13. 大眼斜鳞蛇 *Pseudoxenodon macrops*

中小型蛇类，全长555~1 283 mm。头长椭圆形，与颈区分明显；吻钝圆；眼大，瞳孔圆形。背鳞两侧最外行光滑，其余起棱；腹鳞135~173枚。背面红棕、黑棕或黑灰色，具浅色或红棕色菱形斑块；腹面黄白色或灰白色，杂有黑斑。卵生。栖息在高原山区或丘陵地带的森林、灌草丛或田园，以蛙为食。国内分布在福建、四川、甘肃、广西、贵州、河南、湖北、湖南、陕西、西藏、云南和台湾。

野外调查在615林场海拔2 200 m处捕获到实体。

14. 瓦屋山腹链蛇 ***Amphiesma metusium***

体型中等，头体长468~663 mm，尾长162~222 mm。头椭圆形，吻端略圆，头颈可区分；眼大小适中，瞳孔圆形。背鳞两侧最外1~2行光滑，其余起棱；腹鳞159~164枚。头背暗橄榄色，眼后有一黑色斜纹；头腹面无斑。体背和尾背具交错排列的暗色棋斑；体腹红色，具黑色链纹。瓦屋山腹链蛇被IUCN列为濒危等级。此为中国特有种，目前仅分布于四川省洪雅县和屏山县，栖息在林间、溪畔或池塘。

野外调查在杉木沟和黑竹沟捕获实体5条，说明其在保护区内存在一定数量。建议将该物种作为重点对象进行详细调查，弄清它的分布范围及数量，并开展保护生物学研究。

15. 中国钝头蛇 ***Pareas chinensis***

体略侧扁，全长441~561 mm。头较大，吻钝圆，头和颈易区分；眼大。背鳞光滑，腹鳞较宽，肛鳞完整。体背棕褐或黄褐色，杂以黑色斑点；腹面浅黄褐色，两侧密布小黑点。卵生，每次产5~9枚卵。栖息在低海拔的山区林间，以蜗牛、蛞蝓等小型软体动物为食。此为中国特有种，分布在安徽、福建、广东、广西、贵州、江西、云南、浙江和四川。

野外调查在616林场二岔河捕获到实体。

16. 颈槽蛇 ***Rhabdophis nuchalis***

别名游蛇。体型中等，全长478~760 mm。头较大，与颈区分明显；眼大小适中。背鳞两侧最外行光滑，其余起棱；腹鳞144~173枚。背面橄榄绿色或橄榄棕色，腹面黑褐色。卵生。栖息在海拔600~2 000 m山区路边、草丛、农耕地、石堆间或水域附近，以蚯蚓和蛞蝓等为食。国内分布在甘肃、四川、广西、贵州和湖北。

野外调查于勒乌乡附近和616林场低海拔段捕获到实体。

17. 黑纹颈槽蛇 ***Rhabdophis nigrocinctus***

雄体全长625~1 150 mm，雌体全长655~1 025 mm，头较大，与颈区分明显，眼大小适中，瞳孔圆形。颊鳞1枚；眶前鳞1枚，眶后鳞3枚；颞鳞2+2或2+3，上唇鳞9（3–3–3）；下唇鳞10，前5枚切前颔片。背鳞19–19–17行，全部起棱；腹鳞150~170枚；肛鳞2分，尾下鳞双行，80~97对。上颌齿28枚，最后2枚骤然增大，与前面齿列间有一间隙，眼下、眼后和颈侧各有1条黑纹，躯干及尾背橄榄灰色，具多数黑横纹，几乎等距离排列，在躯干部有50个以上，此黑纹或横跨全背，或仅占0.5~1枚鳞宽；体后段密布棕色细点，躯干及尾腹面黄白色。栖息于矮灌木林的干燥砂地。

野外调查在616林场的二岔河捕获标本。

18.九龙颈槽蛇*Rhabdophis pentasupralabialis*

成体全长雄308~617 mm，雌368~628 mm，尾长约为全长的1/5，头颈略可区分，颈背正中两行鳞片对称排列，其间形成一沟槽；眼大小适中。头被橄榄绿或草绿色，上唇色稍浅，第二与第三、第四、第五枚上唇鳞之间有黑色纹。躯干及尾背面橄榄绿或草绿色；躯干及尾腹面灰白色或灰绿色，散以粉褐色细点，前后两枚腹鳞之间黑褐色。此为中国特有物种，生活于海拔较高的山区。

野外调查未发现，资料记录显示在保护区有分布。

19.虎斑颈槽蛇*Rhabdophis tigrinus*

别名虎斑游蛇、野鸡脖子。体型中等，全长480~1 240 mm。头较长，略扁，与颈区分明显；颈槽明显；眼较大，瞳孔圆形。背鳞两侧最外行光滑，其余起棱；腹鳞144~188枚。背面绿色，体背前段有黑红相间的大斑块，向后红斑逐渐消失，仅余黑斑；腹面黄绿或青灰色。卵生，6—7月产卵，每次产10~23枚卵。栖息在海拔1 800 m以下的平原、丘陵和山区的水域附近，以鱼、泥鳅、蛙、蟾、蝌蚪、蛇、昆虫和蛞蝓等为食。分布广泛，遍布全国各地。

野外调查未发现，资料记录显示在保护区有分布。

20.白头蝰*Azemiops kharini*

别名白玦蝰。全长600~800 mm。头、颈背淡黄白色，具深褐色斑纹。体背黑褐色，具朱红色横斑；腹面橄榄灰色，杂以小白点。卵胎生。栖息在海拔100~1 600 m高山和平原的路边、稻田、草丛及住宅附近，以小型啮齿动物和食虫目动物为食。单属，对研究管牙类毒蛇的起源和演化有重要意义。属易危种。国内分布在云南、贵州、四川、西藏、陕西、甘肃、广西、安徽、江西、湖南、浙江和福建。

野外调查未发现，资料记录显示在保护区有分布。

21.原矛头蝮*Protobothrops mucrosquamatus*

体型中等，全长789~945 mm，尾长约为全长的1/5。头窄长三角形，吻棱明显，躯干细长，尾端细。背鳞最外1行光滑，其余具强棱；腹鳞194~233枚。头背棕褐，具“Λ”形暗褐色斑；头腹面浅褐色，有的杂以深棕色细点。体背棕褐色至红褐色，正背有一行镶浅黄色边的粗大逗点状（“,”）暗紫色斑；腹面浅褐色，具深棕色斑块。栖息在平原、丘陵和低山区的竹林、灌丛、溪边和农耕地中，以鼠、鸟、蛙、蛇等为食。国内分布在安徽、福建、甘肃、四川、广东、广西、贵州、海南、河南、湖南等地。

野外调查未发现，资料记录显示在保护区有分布。

22.菜花原矛头蝮 *Protobothrops jerdonii*

体型中等。头窄长三角形，吻棱明显；体略细长，尾短。背鳞最外1到2行光滑，其余起棱；腹鳞156~194枚。背面黑黄间杂，有两种类型：一种黄色为主，一种黑色为主，但正背均有一镶黑边的铁锈色或紫红色大斑块；腹面黑黄间杂。卵胎生，7—9月繁殖，每胎产5~7仔。栖息在海拔1 500~3 000 m的高山高原地带，以鼠、鸟、蛙、蛇等为食。国内分布在四川、甘肃、广西、贵州、河南、湖北、湖南、陕西、山西、西藏和云南。

野外调查在611林场、616林场等地捕获到实体。

23.台湾烙铁头 *Ovophis makazayazaya*

体型中等，全长一般在500~700 mm。头较宽大，三角形，与颈区分明显；吻端钝圆，吻棱不显；躯干粗壮，尾较短。体背棕褐或红棕色，背正中有一行不规则的紫褐色云状斑块；腹面紫红色或浅黄色，杂以深褐色点斑。卵生，7—8月产卵，每次产5~11枚卵。栖息在海拔30~2 600 m的灌木丛、草丛、茶山、耕地和路边，以鼠类和食虫类动物为食。国内分布在西藏、甘肃、陕西、四川、贵州、云南、湖南、安徽、浙江、福建、台湾、香港、广东和广西等地。

在黑竹沟景区捕获到实体。

5.3 分布

黑竹沟保护区植被类型丰富，随海拔升高依次分布有常绿阔叶林、常绿与落叶阔叶混交林、针阔混交林、针叶林、亚高山灌丛或草甸；在低海拔区域分布有人工林和灌草丛植被。多样化的环境为爬行类提供了良好的栖息场所。

保护区内的爬行动物多属于分布广泛的种类，如：黑眉晨蛇、虎斑颈槽蛇（*Rhabdophis tigrinus*）、原矛头蝮（*Protobothrops mucrosquamatus*）、山烙铁头等可栖息于灌草丛、耕地及农舍附近等多种生境。王锦蛇、玉斑蛇（*Euprepiophis mandarinus*）、乌梢蛇等常栖息于水域附近的耕地、灌草丛等生境。

保护区内尚有部分分布区狭窄的爬行类。横纹玉斑蛇仅知分布于四川西南部，瓦屋山腹链蛇目前仅发现于四川洪雅、屏山等地，现有分布资料极少，但本次调查捕获到5条瓦屋山腹链蛇，说明其在该区域有一定的种群数量。

6 鸟　类

6.1　调查方法

鸟类多样性调查主要采用样线法和样点法。样线法采用典型样带调查，样线布设涵盖保护区的各类生境和典型区域，样线调查面积基本与各类生境面积大小成正比，即各植被类型的抽样强度基本与区域的背景值相当。样线调查时以1~2 km/h的速度行走，借助42×10双筒望远镜观察，记录样线两侧可观测范围内的鸟类种类、数量、方位角、生境类型等信息。考虑取样的充分性，在视线受限的森林生境采用样点法观测，在样线上每个样点的停留时间为15~30 min，样点半径为50 m，每个样点之间距离大于200 m，记录所有出现鸟类的种类、数量等。对听到的鸟类鸣声，若能分辨是哪种鸟类，即当场记录，无法分辨的用录音笔进行录音，后续借助鸟类鸣声资料进行辨别，在调查中能进行拍照的尽量拍摄相片。为避免恶劣天气对鸟类取样造成偏差，中大雨、大风及大雾天气不展开调查。

2017年11月，2018年4月、6—7月、9月、12月，2019年6月和9月，在保护区内共开展了7次野外调查，设置调查样线46条，调查样点52个，大部分样线和样点被重复调查。

6.2 物种组成与区系

6.2.1 物种组成

野外样线和样方调查共记录鸟类191种，结合保护区雉类专项调查、红外相机调查，以及2004年保护区综合科学考察报告及历史文献，根据《中国鸟类分类与分布名录第三版》（郑光美，2017）的分类系统，统计出保护区内有鸟类16目54科286种，以雀形目鸟类为主（附表5），数量为215种，占鸟类总数的75.17%，非雀形目鸟类71种，占鸟类总数的24.83%。

本次调查统计种数与2004年保护区综合科学考察报告记录的268种相比多18种。其中新增国家一级重点保护野生鸟类绿尾虹雉（*Lophophorus lhuysii*）和国家二级重点保护野生鸟类灰鹤（*Grus grus*）。在新增记录的物种中，峨眉鹟莺（*Seicercus omeiensis*）是发表的新种，比氏鹟莺（*Seicercus valentini*）、灰冠鹟莺（*Seicercus tephrocephalus*）是从金眶鹟莺（*Seicercus burkii*）的亚种独立成种的，而最新分类系统中的金眶鹟莺只分布在西藏的东部和南部。

保护区的286种鸟类中，留鸟有182种，占总数的63.64%；冬候鸟有17种，占总数的5.94%；夏候鸟有77种，占26.92%；旅鸟有10种，占3.50%。繁殖鸟类259种，占总数的90.56%，非繁殖鸟类27种，占总数的9.44%。

6.2.2 区系

根据《中国动物地理》（张荣祖，1999）的划分，在保护区259种繁殖鸟中，古北界的有49种，占繁殖鸟总种数的18.92%；东洋界的有188种，占繁殖鸟总种数的72.59%；广布种有22种，占繁殖鸟总种数的8.49%。这些鸟以东洋界物种占优势，符合所处地为东洋界西南区的特点。

从分布型上来看，喜马拉雅－横断山区型79种，占总数的30.50%；东洋型74种，占总数的28.57%；南中国型35种，占总数的13.51%；P或I高地型3种，占总数的1.16%；季风型2种，占总数的0.77%；东北型15种，占总数的5.79%；全北型7种，占总数的2.70%；古北型21种，占总数的8.11%；东北—华北型1种，占总数的0.39%；不易归类的有22种，占8.49%。各分布型所占比例如表6-1所示。

表6-1　黑竹沟国家级自然保护区鸟类分布区系与分布型

区系	物种数/种	百分比/%	分布型	物种数/种	百分比/%
东洋界	188	72.59	H	79	30.50
			W	74	28.57
			S	35	13.51
古北界	49	18.92	P	3	1.16
			E	2	0.77
			M	15	5.79
			C	7	2.70
			U	21	8.11
			X	1	0.39
广布种	22	8.49	O	22	8.49

备注："H"为喜马拉雅—横断山区型；"W"为东洋型；"S"为南中国型；"P"为高地型；"E"为季风型；"M"为东北型；"C"为全北型；"U"为古北型；"X"为东北—华北型；"O"为不易归类的分布型。

6.3　分布

6.3.1　生境分布

具确切经纬度和生境记录的调查鸟类有198种（含红外相机调查），其中的白骨顶（*Fulica atra*）、斑嘴鸭（*Anas poecilorhyncha*）、凤头潜鸭（*Aythya fuligula*）、红头潜鸭、凤头䴙䴘（*Podiceps cristatus*）、小䴙䴘（*Tachybaptus ruficollis*）这6种水鸟，十分依赖特定生境，而灰鹤只在调查中发现一具尸体，因此在计算不同植被带鸟类物种优势度指数、多样性指数和相似性指数时未将这7种鸟类纳入计算。

分析结果表明，各个生境下均无明显的优势种。常绿阔叶林中有28种常见种，包括红嘴蓝鹊（*Urocissa erythrorhyncha*）、红嘴相思鸟（*Leiothrix lutea*）、喜鹊（*Pica pica*）、强脚树莺（*Horornis fortipes*）、绿背山雀（*Parus monticolus*）等；常绿、落叶阔叶混交林中有10种常见种，包括长尾山椒鸟（*Pericrocotus ethologus*）、冠纹柳莺（*Phylloscopus claudiae*）、绿背山雀、橙翅噪鹛（*Trochalopteron elliotii*）、褐头雀鹛（*Fulvetta cinereiceps*）等；针阔混交林中有13种常见种，包括比氏鹟莺、橙翅噪鹛、白眉雀鹛（*Fulvetta vinipectus*）、白领凤鹛（*Yuhina diademata*）、血雉（*Ithaginis cruentus*）等；亚高山针叶林中有常见种6种，包括橙翅噪鹛、橙斑翅柳莺（*Phylloscopus pulcher*）、异色树莺（*Horornis flavolivaceus*）、四川柳莺（*Phylloscopus forresti*）、比氏鹟莺等；亚高山灌丛草甸有橙斑翅柳莺和血雉2种常见种。

根据野外调查记录的海拔，依据保护区的植被带谱划分，将鸟类生境划分为常绿阔叶林、常绿落叶阔叶混交林、针阔混交林、亚高山针叶林、亚高山灌丛草甸5类。保护区5种主要生境中的鸟类群落Shannon-Wiener指数大小关系为，常绿阔叶林＞常绿落叶阔叶混交林＞亚高山针叶林＞针阔混交林＞亚高山灌丛草甸（如图6-1a所示）；鸟类物种数量和鸟类个体数关系为常绿阔叶林＞常绿落叶阔叶混交林＞针阔混交林＞亚高山针叶林＞亚高山灌丛草甸（如图6-1 b，c所示）；针阔混交林与亚高山针叶林中的鸟类群落相似性最高（0.53），其次是常绿阔叶林与常绿落叶阔叶混交林，其余生境之间的相似性指数均低于0.5（如表6-2所示）。

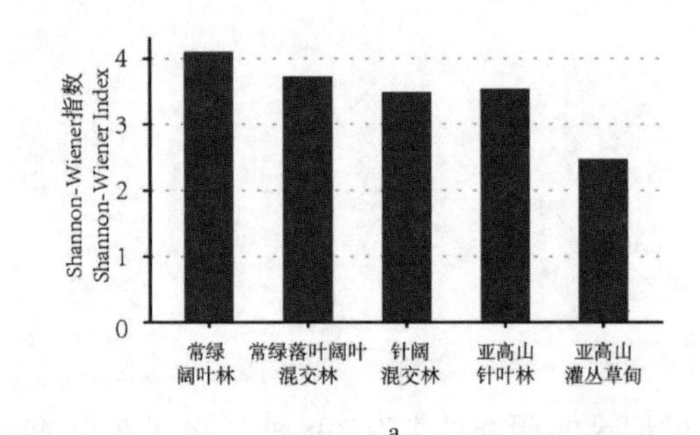

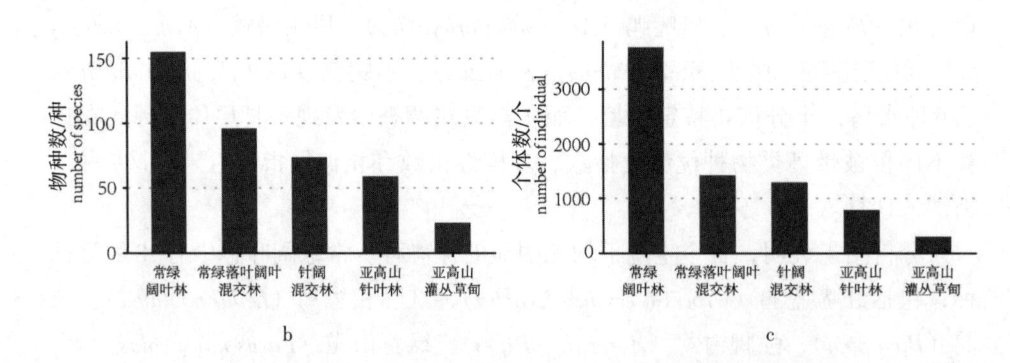

a. 鸟类群落的Shannon-Wiener指数；b. 鸟类物种数；c. 鸟类个体数

图6-1 黑竹沟国家级自然保护区不同生境中鸟类多样性分析

表6–2　黑竹沟国家级自然保护区不同生境间鸟类群落的Jaccard相似性指数

	常绿 阔叶林	常绿落叶 阔叶混交林	针阔 混交林	亚高山 针叶林
常绿落叶阔叶混交林	0.50			
针阔混交林	0.33	0.49		
亚高山针叶林	0.22	0.32	0.53	
亚高山灌丛草甸	0.07	0.11	0.19	0.31

6.3.2　垂直分布

保护区主要为高山峡谷地貌，地势起伏大、坡度陡。区内最低海拔1 054 m，位于黑竹沟（亦名斯补觉沟）汇入那哈依莫（官料河上游）处；最高海拔4 288 m，位于黑竹沟源头的马鞍山主峰，海拔相对高差达3 234 m，植被分布的垂直带谱明显。对区内178种有明确海拔信息的鸟类进行垂直分布分析：在海拔1 500 m以下的低山常绿阔叶林，以栲树、青冈为主，伴生有樟科、山茶科、五加科、木兰科等多类植物。在该海拔段有黄喉鹀（*Emberiza elegans*）、大山雀（*Parus major*）、黄臀鹎（*Pycnonotus xanthorrhous*）等69种，占总数的38.76%。

海拔1 500~2 000 m处由更耐寒的植物种类构成中山常绿阔叶林，以峨眉栲、华木荷为主。在该海拔段有黑喉红尾鸲（*Phoenicurus hodgsoni*）、松鸦（*Garrulus glandarius*）、大拟啄木鸟（*Psilopogon virens*）等105种鸟类，占总数的58.99%，其中有51种鸟在海拔1 500 m以下也有分布。

海拔2 000~2 400 m处主要为常绿落叶阔叶混交林，以石栎、槭树、桦木等为主。在该海拔段有棕腹大仙鹟（*Niltava davidi*）、星头啄木鸟（*Dendrocopos canicapillus*）、棕噪鹛（*Garrulax berthemyi*）等96种鸟类，占总数的53.93%，其中有68种鸟在海拔2 000 m以下也有分布。

海拔2 400~2 800 m处主要为落叶阔叶林或针阔混交林，次生林较多。在该海拔段有白尾蓝地鸲（*Myiomela leucurum*）、暗色鸦雀（*Sinosuthora zappeyi*）、煤山雀（*Periparus ater*）等69种鸟类，占总数的38.76%，其中有53种鸟在海拔2 400 m以下也有分布。

海拔2 800~3 500 m处主要为亚高山针叶林。在该海拔段有金胸歌鸲（*Cal-*

liope pectardens）、大树莺（*Cettia major*）、黄额鸦雀（*Suthora fulvifrons*）等49种鸟类，其中有40种鸟在海拔2 800 m以下也有分布。

海拔3 500 m以上主要为亚高山灌丛或亚高山草甸，植被稀疏，物种较少。在该海拔段仅记录到绿尾虹雉、斑胸短翅蝗莺（*Locustella thoracica*）等少数鸟类。

6.4 重点保护物种和特有物种

保护区有国家重点保护鸟类24种（如表6-3所示），其中国家一级重点保护鸟类3种，分别为绿尾虹雉、四川山鹧鸪（*Arborophila rufipectus*）和金雕（*Aquila chrysaetos*）；国家二级重点保护鸟类21种，分别为血雉、红腹角雉（*Tragopan temminckii*）、白鹇（*Lophura nycthemera*）、白腹锦鸡（*Chrysolophus amherstiae*）、楔尾绿鸠（*Treron sphenura*）、灰鹤、凤头鹰（*Accipiter trivirgatus*）、黑冠鹃隼（*Aviceda leuphotes*）、黑鸢（*Milvus migrans*）、雀鹰（*Accipiter nisus*）、松雀鹰（*Accipiter virgatus*）、普通鵟（*Buteo japonicus*）、鹰雕（*Spizaetus nipalensis*）、红角鸮（*Otus sunnia*）、领角鸮（*Otus lettia*）、雕鸮（*Bubo bubo*）、灰林鸮（*Strix aluco*）、领鸺鹠（*Glaucidium brodiei*）、斑头鸺鹠（*Glaucidium cuculoides*）、长耳鸮（*Asio otus*）、红隼（*Falco tinnunculus*）；四川省省级保护鸟类7种，分别为绿鹭（*Butorides striatus*）、小䴙䴘、大鹰鹃（*Cuculus sparverioides*）、棕腹鹰鹃（*Hierococcyx nisicolor*）、普通夜鹰（*Caprimulgus indicus*）、白喉针尾雨燕（*Aerodramus caudacutus*）、大拟啄木鸟。

根据《中国鸟类分类与分布名录（第三版）》（郑光美，2017），保护区有中国特有鸟类17种，占中国特有鸟类总数的18.28%，分别是绿尾虹雉、四川山鹧鸪、灰胸竹鸡（*Bambusicola thoracica*）、黄腹山雀（*Pardaliparus venustulus*）、红腹山雀（*Poecile davidi*）、四川短翅蝗莺（*Locustella chengi*）、峨眉柳莺（*Phylloscopus emeiensis*）、宝兴鹛雀（*Moupinia poecilotis*）、暗色鸦雀、三趾鸦雀（*Cholornis paradoxus*）、大噪鹛（*Garrulax maximus*）、橙翅噪鹛、斑背噪鹛（*Garrulax lunulatus*）、棕噪鹛、四川旋木雀（*Certhia tianquensis*）、宝兴歌鸫（*Zoothera mollissima*）、蓝鹀（*Emberiza siemsseni*）。

表6-3 黑竹沟国家级自然保护区重点保护鸟类

物种名称		保护级别	IUCN红色名录	CITES附录级别
四川山鹧鸪	*Arborophila rufipectus*	Ⅰ	EN	
绿尾虹雉	*Lophophorus lhuysii*	Ⅰ	VU	Ⅰ
金雕	*Aquila chrysaetos*	Ⅰ	LC	Ⅱ
血雉	*Ithaginis cruentus*	Ⅱ	LC	Ⅱ
红腹角雉	*Tragopan temminckii*	Ⅱ	LC	
白鹇	*Lophura nycthemera*	Ⅱ	LC	
白腹锦鸡	*Chrysolophus amherstiae*	Ⅱ	LC	
楔尾绿鸠	*Treron sphenura*	Ⅱ	LC	
灰鹤	*Grus grus*	Ⅱ	LC	
黑冠鹃隼	*Aviceda leuphotes*	Ⅱ	LC	Ⅱ
鹰雕	*Spizaetus nipalensis*	Ⅱ	LC	
凤头鹰	*Accipiter trivirgatus*	Ⅱ	LC	Ⅱ
松雀鹰	*Accipiter virgatus*	Ⅱ	LC	Ⅱ
雀鹰	*Accipiter nisus*	Ⅱ	LC	Ⅱ
黑鸢	*Milvus migrans*	Ⅱ	LC	Ⅱ
普通鵟	*Buteo japonicas*	Ⅱ	LC	Ⅱ
领角鸮	*Otus lettia*	Ⅱ	LC	Ⅱ
红角鸮	*Otus sunia*	Ⅱ	LC	Ⅱ
雕鸮	*Bubo bubo*	Ⅱ	LC	Ⅱ
灰林鸮	*Strix aluco*	Ⅱ	LC	Ⅱ
领鸺鹠	*Glaucidium brodiei*	Ⅱ	LC	Ⅱ
斑头鸺鹠	*Glaucidium cuculoides*	Ⅱ	LC	Ⅱ
长耳鸮	*Asio otus*	Ⅱ	LC	Ⅱ
红隼	*Falco tinnunculus*	Ⅱ	LC	Ⅱ

保护区内国家重点保护鸟类的简述如下：

1.四川山鹧鸪*Arborophila rufipectus*

国家一级重点保护野生动物，IUCN濒危物种，中国特有种。别名砣砣鸡、笋鸡。小型鸡类，体长28~32 cm。雄鸟上体以暗绿色为主，喉白色，下胸和腹白色，尾茶绿色；雌鸟头顶、枕和上体橄榄绿色，胸棕灰色，腹白色。嘴黑色，跗跖和趾赭褐色，爪黄褐色。繁殖期4—6月，每窝产3~7枚卵。栖息在海拔2 000 m的栎、杜鹃等阔叶林下的浓密竹丛和灌丛中，最高可分布到海拔2 500 m的针叶林带，主要以植物种子和果实为食，也吃一些小型无脊椎动物。主要分布在四川凉山山系及云南东北。

野外调查在觉莫地区海拔1 227~1 410 m处发现其实体及痕迹。

2.绿尾虹雉 *Lophophorus lhuysii*

国家一级重点保护野生动物，IUCN易危物种，CITES附录Ⅰ，中国特有种。别名贝母鸡，大型鸡类，全长约80 cm。雄鸟上体多呈紫铜、蓝绿等色，具金属光泽，下背及腰部羽白色，下体黑色；雌鸟体羽暗褐色，背白色。嘴角灰色，脚黄灰色。3—4月开始繁殖，每窝产3~5枚卵。栖息在海拔3 300~4 000 m的亚高山草甸、灌丛中，食植物根、茎、叶、花及昆虫。分布于中国西南部的青海省东南部和甘肃南部山区，以及四川宝兴、康定、平武等地山区。

野外调查在611、612、616林场海拔3 332~3 699 m处发现其实体及痕迹。

3.金雕*Aquila chrysaetos*

国家一级重点保护野生动物，CITES附录Ⅱ。俗称为鹫雕、金鹫、黑翅雕、洁白雕（幼鸟）等，是一种性情凶猛、体态雄伟的猛禽。栖于崎岖干旱平原、岩崖山区及开阔原野，捕食雁等大中型鸟类，土拨鼠、野兔、藏原羚及狐、鼬等哺乳动物。随暖气流做壮观的高空翱翔。国内分布于四川、云南、贵州、湖北、陕西、山西、内蒙古、黑龙江、新疆等地；国外分布于北美洲、欧洲、中东、东亚、西亚和北非。

野外调查未发现，当地居民曾在保护区区域非法采集到标本。

4.血雉 *Ithaginis cruentus*

国家二级重点保护野生动物，CITES附录Ⅱ。别名松花鸡、血鸡。中小型鸡类，全长约40 cm。雄鸟上体灰褐色，飞羽褐色，尾羽灰白色，上胸为淡灰黄色；下胸和两胁为草绿色；雌鸟体羽大都为暗褐色，具不规则褐斑。嘴黑色，脚绯红橙色。繁殖期在4月下旬至6月，每窝产2~6枚卵。栖息在2 000~4 500 m的高寒山地森林及灌丛、针阔混交林中，以植物种子为主要食物，也吃昆虫等。国内主要分布在西藏、四川、云南西北部、青海和甘肃的祁连山脉、陕西南部秦岭等地；国外分布于尼泊尔、印度锡金邦等喜马拉雅山地区以及缅甸西北部。

广泛分布于保护区内中高海拔处，野外调查在616林场、611林场海拔2 396~3 619 m处多次发现其实体及痕迹。

5. 红腹角雉 *Tragopan temminckii*

国家二级重点保护野生动物。别名娃娃鸡、寿鸡、灰斑角雉。全长约60 cm。雄鸟上体主要为深红色，满布具黑缘的灰色眼状斑，下体斑大而色浅，嘴角褐色，脚粉红，有距；雌鸟上体灰褐色，下体淡黄色，尾羽栗褐色，脚无距。繁殖期在4—6月，每窝产3~10枚卵，孵卵期26~30天。栖息在海拔1 000~3 500 m的常绿-落叶阔叶林、针阔混交林中，主要食种子、果实、幼芽、嫩叶等。国内主要分布在四川、云南、重庆、贵州、湖北西部、湖南、广西北部、陕西南部、甘肃南部、西藏东南部；国外分布于印度、缅甸和越南等地。

广泛分布于保护区内，野外调查在616林场、611林场海拔1 292~3 563 m处多次发现其实体及痕迹。

6. 白鹇 *Lophura nycthemera*

国家二级重点保护野生动物。体长94~110 cm。雄鸟上体和两翅白色，有黑色“V”形纹，尾长，中央尾羽纯白，下体辉蓝黑色；雌鸟上体、翅、尾橄榄棕色，下体灰棕褐色，身上多暗色细纹。虹膜褐色，嘴黄色或浅绿色，脚鲜红色。4月开始繁殖，每窝产4~6枚卵。栖息在开阔林地的山区，以昆虫和浆果为食。国内主要分布于贵州、云南、四川、广东、广西、浙江、福建、江西、湖北、海南等地；国外分布于柬埔寨、老挝、缅甸、泰国和越南等地。

野外调查在觉莫地区采集到其羽毛。

7. 白腹锦鸡 *Chrysolophus amherstiae*

国家二级重点保护野生动物。别名铜鸡、小凤凰鸡。雄鸟全长约140 cm，头顶、背、胸为金属翠绿色，枕冠赤红，腹白，尾长；雌鸟约60 cm，上体及尾大都棕褐，有黑斑，胸部棕色具黑斑。嘴和脚蓝灰色。4月下旬开始繁殖，每窝产卵5~9枚，孵卵期为21天。生活在海拔1 500~4 000 m的山地灌丛、矮竹林中。国内主要分布在四川、云南、贵州、西藏、广西等地；国外分布于缅甸。

广泛分布于保护区内，野外调查在616林场、611林场海拔1 297~3 016 m处多次发现其实体及痕迹。

8. 楔尾绿鸠 *Treron sphenura*

国家二级重点保护野生动物。别名绿斑鸠、歌绿鸠。雄鸟体长30 cm左右，雌鸟体长32 cm左右。体羽大都黄绿色，圆形尾。嘴蓝灰，基部较绿；脚紫红。繁殖期在4—8月，每窝产2枚卵，孵化期13~14天。栖息在海拔1 300~2 000 m的阔叶林，主要以野果为食。国内分布于四川中部和西南部、云南、西藏南部、湖北西部和广西西南部；国外分布于喜马拉雅山地区，以及缅甸、印度东北部、泰国、老挝、越南、马来西亚和印度尼西亚等地。

野外调查未发现，资料记录显示在保护区有分布。

9.灰鹤 *Grus grus*

国家二级重点保护野生动物。别名玄鹤。全长约110 cm，大型涉禽。体羽灰色。头顶朱红色，被有稀疏的黑色短羽。两颊至颈侧灰白色，喉及前、后颈灰黑色。嘴青灰色，先端乳黄色；脚灰黑色。繁殖期在4—5月，每窝产2枚卵，孵卵期约1个月。栖息在近水平原、草原、沙滩、丘陵等地，主要以水草、嫩芽、野草种子、谷物、昆虫及水生动物为食。广泛分布于撒哈拉沙漠以北的非洲、欧洲大陆、中亚以及包括西伯利亚在内的亚洲大陆北部地区；国内各省均有分布。

野外调查在611林场海拔2 050 m处发现其尸体。

10.黑冠鹃隼 *Aviceda leuphotes*

国家二级重点保护野生动物，CITES附录Ⅱ。别名凤头鹃隼。体长30~33 cm，小型猛禽。头顶有蓝黑色冠羽，头、颈、背部尾上覆羽和尾羽都呈黑褐色，喉部和颈部为黑色。从整体看，胸部和背部有少量羽毛为白色，其余部位大多为黑色。虹膜为紫褐色或血红褐色，嘴和腿均为铅色。繁殖期在4—7月，每窝产2~3枚卵。栖息在平原低山丘陵和高山森林地带，主要以蝗虫、蚱蜢、蝉、蚂蚁等昆虫为食。国内分布于四川、浙江、福建、江西、湖南、广东、广西、贵州、云南、海南等地；国外分布于南亚和东南亚国家。

野外调查在616林场海拔1 204~1 731 m处发现其实体。

11.鹰雕 *Spizaetus nipalensis*

国家二级重点保护野生动物。大型猛禽，体长64~80 cm。头后有长的黑色羽冠，上体褐色，缀有紫铜色，喉部和胸部白色，腹部有淡褐色和白色交错排列的横斑。嘴黑色，蜡膜黑灰色；脚和趾黄色，爪黑色。繁殖期在1—6月，每窝产2枚卵。栖息在山地森林地带，常在阔叶林和混交林中活动，主要以野兔、雉类和鼠类为食，也食小鸟和大的昆虫。国内分布在内蒙古、辽宁、黑龙江、浙江、安徽、福建、湖北、广东、广西、台湾、四川、云南、西藏、海南等地；国外分布于缅甸、印度及东南亚等地。

野外调查在616林场海拔1 632 m、1 788 m处发现其实体。

12.凤头鹰 *Accipiter trivirgatus*

国家二级重点保护野生动物，CITES附录Ⅱ。别名凤头雀鹰。中型猛禽，体长41~49 cm。头前额至后颈鼠灰色，其余上体褐色；喉白色，胸棕褐色，其余下体白色。嘴角褐色或铅色，嘴峰和嘴尖黑色，口角黄色；脚和趾淡黄色，爪角黑色。繁殖期在4—7月，每窝产2~3枚卵。栖息在海拔200~1 600 m的山区森林、次生林和竹林中，主要以蛙、蜥蜴、鼠类和昆虫为食。国内分布于云南、贵州、广西、广东、四川等地；国外分布于印度、缅甸、泰国、马来半岛和印度尼西亚等地。

野外调查在611林场海拔2 400 m处发现实体。

13.松雀鹰 *Accipiter virgatus*

国家二级重点保护野生动物，CITES附录Ⅱ。别名松子鹰、雀鹞。小型猛禽，全长35 cm左右。上体石板黑灰色，下体近白色。嘴灰蓝，先端黑；脚黄色，爪黑。每窝产卵4~5枚，孵卵期约1个月。栖息在山地针阔混交林或稀疏林间的灌木丛中，主要以小型动物为食。国内分布于四川、内蒙古、黑龙江、陕西、甘肃、西藏、云南、广西、广东、福建、台湾等地；国外分布于印度、东南亚、大巽他群岛及菲律宾等地。

野外调查在616林场海拔1 928 m处、611林场海拔2 200 m处发现其实体。

14.雀鹰 *Accipiter nisus*

国家二级重点保护野生动物，CITES附录Ⅱ。别名鹞子、鹞鹰。体长35 cm左右，雄鸟上体暗灰色，雌鸟上体暗灰褐色，下体均为白色或淡灰白色，杂以赤褐色和暗褐色横斑。嘴黑色，基部暗灰蓝色；蜡膜绿黄色；脚绿色，爪黑色。每窝产卵4~5枚。栖息在海拔500~1 000 m的山边疏林，主要以鼠、小鸟为食。广泛分布于欧亚大陆；国内各省均有分布。

野外调查在保护区内海拔1 200~2 494 m处多次发现其实体。

15.黑鸢 *Milvus migrans*

国家二级重点保护野生动物，CITES附录Ⅱ。俗称老鹰，中型猛禽。身体暗褐色，尾较长呈浅叉状，飞翔时翼下左右各有一块大的白斑。会大群聚集在一起，喜开阔的乡村、城镇及村庄。主要以小鸟、鼠类、蛇、蛙、鱼、野兔、蜥蜴和昆虫等动物性食物为食，偶尔也吃家禽和腐尸。广泛分布于全国各省；国外分布于非洲、印度至澳大利亚。

野外调查未发现，资料记录显示在保护区有分布。

16.普通鵟 *Buteo buteo*

国家二级重点保护野生动物，CITES附录Ⅱ。体长50 cm左右，羽色变化较大，上体暗褐色，下体暗褐色或淡褐色，具深棕色的横斑，翅下有淡褐色斑，尾稍圆。嘴黑褐色，基部沾蓝；蜡膜黄色；脚蜡黄，爪黑色。繁殖期在5—6月，每窝产2~3枚卵。栖息在海拔500~4 000 m的开阔地附近的稀疏森林中，主要以鼠、鸟和各种昆虫为食。广泛分布于欧亚大陆；国内各省均有分布。

野外调查在616林场海拔1 900 m处发现其实体。

17.领角鸮 *Otus lettia*

国家二级重点保护野生动物，CITES附录Ⅱ。全长25 cm左右，小型猛禽。额、脸盘棕白色；后颈的棕白色眼斑形成一个不完整的半领圈。上体及两翼大多灰褐色，下体灰白。嘴淡黄染绿色，爪淡黄色。每窝产卵3~4枚，白色。栖息在山地次生林林缘，主要以昆虫、鼠类、小鸟为食。国内分布于四川、云南、贵州、河南、山西、湖北、湖南、江苏、江西、安徽、福建、广东、广西、香港、台湾和海南等地；国外分布于印度次大陆、东亚、日本、东南亚、大巽他群岛及菲律宾等地。

野外调查未发现，资料记录显示在保护区有分布。

18.红角鸮 *Otus sunnia*

国家二级重点保护野生动物，CITES附录Ⅱ。全长20 cm左右，纯夜行性小型猛禽。眼黄色，体羽多纵纹，有棕色型和灰色型之分；虹膜黄色，嘴角质色，脚褐灰。喜有树丛的开阔原野，主要以昆虫、鼠类、小鸟为食。国内分布于四川、云南、贵州、湖南、湖北、广西、广东、陕西、辽宁、黑龙江等地；国外分布于欧洲大陆、中亚、中东地区。

以上信息源于资料记录。

19.雕鸮 *Bubo bubo*

国家二级重点保护野生动物，CITES附录Ⅱ。别名恨狐。大型猛禽，全长约70 cm。上体沙棕色杂以黑褐色纵纹。面盘浅棕色；眼行和前缘密布白毛，杂以黑端；尾羽棕色，具暗褐色横斑。腹部浅棕色，有黑褐纵纹。嘴和爪暗铅色。栖息在海拔2 000 m以下的山地林间、草原，主要以啮齿动物为食。每窝产卵2~5枚，白色。广泛分布于大部欧亚地区和非洲；国内各省均有分布。

野外调查未发现，资料记录显示在保护区有分布。

20.灰林鸮 *Strix aluco*

国家二级重点保护野生动物，CITES附录Ⅱ。别名猫头鹰。体长41 cm左右。上体黑色，具棕黄横斑，尾暗褐而端白，具棕白横斑；面盘前部灰白具褐纹，下喉白色，其余下体棕白，具交叉的黑色棕纹和横纹。嘴角褐色，先端黄色；脚被羽，爪黑色。繁殖期在1—4月，每窝产2~4枚卵，孵化期28~30天。夏季栖息在落叶阔叶林和针阔叶混交林，以昆虫和鼠类为食。国内分布于东北西南部、河北东北部、山东、陕西、湖北、四川、甘肃南部、贵州、云南、西藏南部、广西、广东和台湾；国外分布于欧洲、西伯利亚西部、中亚、朝鲜、印度和非洲西北部。

野外调查未发现，资料记录显示在保护区有分布。

21.领鸺鹠 *Glaucidium brodiei*

国家二级重点保护野生动物，CITES附录Ⅱ。别名小鸺鹠。全长14~17 cm。头顶有小白点，上体、体侧及尾棕黑色，具棕黄色横斑，后颈棕黄；颏、喉白色，上胸两侧具暗褐色横带，两胁白色，具黄褐色纵纹。嘴、脚黄绿。繁殖期在3—7月，每窝产2~6枚卵。栖息在海拔800~3 500 m山地森林和林缘灌丛地带，主要以大型昆虫为食，也吃小鸟和小鼠。国内分布于四川、贵州、云南、河南、陕西、甘肃、西藏、湖北、湖南、安徽、江西、江苏、上海、浙江、福建、广东、广西、海南等地；国外分布于不丹、文莱、柬埔寨、印度、印度尼西亚、老挝、马来西亚、缅甸、尼泊尔、巴基斯坦、泰国和越南等地。

野外调查未发现，资料记录显示在保护区有分布。

22.斑头鸺鹠 *Glaucidium cuculoides*

国家二级重点保护野生动物，CITES附录Ⅱ。别名春歌儿。体长25 cm左右，体形中等。上体暗褐色，具棕白色横斑；飞羽黑褐色，外具三角形的棕白色斑；尾羽黑褐色，先端白色；下喉白色；上喉、胸、上腹暗褐色，下腹白具褐色纵纹。嘴暗黄色，趾暗黄绿色，爪褐色。5月开始繁殖，每窝产卵多为4枚。栖息在丘陵、平原林地，主要以昆虫和其他小型动物为食。国内分布于甘肃南部、陕西、河南、安徽、四川、贵州、云南、西藏、广西、广东、香港和海南；国外分布于印度、尼泊尔、不丹、缅甸、泰国、马来西亚和印度尼西亚。

野外调查在612林场发现其实体。

23.长耳鸮 *Asio otus*

国家二级重点保护野生动物，CITES附录Ⅱ。别名虎鸟、大猫头鹰、长耳猫头鹰。全长38 cm左右，中型猛禽。上体黄褐色，有密集的黑褐色斑，下体淡色有黑褐色纵斑，耳羽长。嘴铅褐色，先端黑色；爪黑色。繁殖期在3—5月，每窝产4~5枚卵。栖息在低山地带，平原森林中，主要以小型哺乳动物和昆虫、小鸟为食。国内除海南外，见于各省；国外分布于欧洲大陆、中亚、格陵兰、加拿大、美国、墨西哥高地、中美洲及部分加纳比海群岛。

文献记载为区内过境鸟，不常见。

24.红隼 *Falco tinnunculus*

国家二级重点保护野生动物，CITES附录Ⅱ。别名茶隼、红鹰、黄鹰、红鹞子。体长31~36 cm，小型猛禽。雄鸟头顶、后颈、颈侧蓝灰色，背、肩砖红色，腰和尾上覆羽蓝灰色，尾羽蓝灰色，下体棕白色，上胸有褐色三角形斑纹及纵纹，下腹黑褐色。雌鸟上体深棕色，头顶有黑褐色纵纹，上体其余部分具黑褐色横纹。嘴蓝灰色，先端黑色；跗跖和趾深黄色，爪黑色。繁殖期在5—7月，每窝产4~5枚卵，孵化期28~30天。栖息在山地森林、森林苔原、低山丘陵、草原、旷野、森林平原、农田和村庄附近等各类生境中，主要以昆虫为食，也吃小型脊椎动物。广泛分布于欧亚大陆和非洲；国内各省均有分布。

野外调查在616林场发现其实体。

6.5　雉类专项调查

保护区内共发现雉类8属8种，其中国家一级重点保护雉类2种，为四川山鹧鸪和绿尾虹雉；国家二级重点保护雉类4种，为白腹锦鸡、红腹角雉、血雉和白鹇；“三有”动物2种，为灰胸竹鸡和环颈雉（*Phasianus colchicus*）。

6.5.1　分布

1.水平分布

将保护区分为5个区域，统计各个区域雉类的野外调查情况（如表6-4所示）。结果显示，白腹锦鸡、红腹角雉和环颈雉在5个区域均发现有活动痕迹；绿尾虹雉在除觉莫区域外、白鹇在除616林场外其他的4个区域均发现有活动痕迹；血雉在611、612林场区域发现有活动痕迹；灰胸竹鸡在觉莫、616林场区域发现有活动痕迹；四川山鹧鸪仅在觉莫区域发现有活动痕迹。

表6-4　8种雉类在黑竹沟国家级自然保护区5个区域的分布调查情况

区域	四川山鹧鸪	灰胸竹鸡	白腹锦鸡	红腹角雉	血雉	白鹇	环颈雉	绿尾虹雉
觉莫	+	+	+	+	–	+	+	–
616林场	–	+	+	+	–	–	/	+
611林场	–	–	+	+	+	+	+	+
615林场	–	–	+	+	–	+	/	/
612林场	–	–	+	+	+	/	+	+

注："+"，野外调查有实体或痕迹分布；"–"，野外调查未发现有活动痕迹分布；"/"，根据访问可能有分布。

2.垂直分布

保护区垂直海拔跨度大，在不同的海拔梯度上，雉类的分布有明显的差异（如表6-5所示）。

表6-5　黑竹沟国家级自然保护区内8种雉类的海拔分布情况

雉类	最低海拔 / m	最高海拔 / m
绿尾虹雉	3 332	3 699
红腹角雉	1 292	3 563
血雉	2 423	3 630
环颈雉	1 284	2 410
四川山鹧鸪	1 227	2 354
灰胸竹鸡	1 147	1 632
白腹锦鸡	1 231	2 948
白鹇	1 053	2 456

从表6-5可以看出，白腹锦鸡和红腹角雉的海拔分布范围最大，海拔1 200~3 000（3 500）m范围均有分布；四川山鹧鸪和环颈雉的海拔分布范围也较大，为1 200~2 400 m；血雉主要分布于2 400~3 600 m的较高海拔区域；灰胸竹鸡主要分布于1 100~1 600 m左右的低海拔区域；绿尾虹雉主要分布于

3 300~3 700 m的高海拔区域。

从不同海拔段雉类的物种丰富度来看，海拔2 000 m以下分布的雉类种类最为丰富，有6种，分别是白鹇、白腹锦鸡、红腹角雉、灰胸竹鸡、四川山鹧鸪和环颈雉；海拔2 000~3 200 m分布有6种雉类，分别是白腹锦鸡、红腹角雉、血雉、白鹇、四川山鹧鸪和环颈雉；海拔3 200 m以上分布有3种雉类，分别是红腹角雉、血雉和绿尾虹雉。可以看出保护区的雉类种类以中低海拔区域最为丰富。

6.5.2　生境利用

1.对植被垂直带的利用

保护区内8种雉类对不同植被垂直带的利用情况见表6-6所示。

表6-6　雉类对不同植被垂直带的利用情况

物种	痕迹点分布比例 / %				
	2 000 m以下	2 000~2 400 m	2 400~2 800 m	2 800~3 500 m	3 500 m以上
绿尾虹雉(n=13)	0	0	0	54	46
红腹角雉(n=111)	3	6	84	5	2
血雉(n=112)	0	5	60	31	4
环颈雉(n=9)	11	11	78	0	0
四川山鹧鸪(n=4)	100	0	0	0	0
灰胸竹鸡(n=9)	100	0	0	0	0
白腹锦鸡(n=121)	19	41	37	3	0
白鹇(n=7)	86	14	0	0	0

注：n为痕迹点数量。

由表6-6可知，绿尾虹雉的痕迹点主要分布于海拔2 800~3 500 m处及海拔3 500 m以上的寒温性针叶林，常绿革叶、针叶灌丛以及高山草甸植被带中；红腹角雉、血雉、环颈雉的痕迹点主要分布于海拔2 400~2 800 m的针阔混交林以及常绿革叶、针叶灌丛植被带中；白腹锦鸡的痕迹点主要分布于海拔2 000~2 400 m的常绿、落叶阔叶混交林植被带中；白鹇、灰胸竹鸡、四川山鹧鸪的痕迹点主要分布于海拔2 400 m以下的常绿阔叶林植被带中；红腹角雉在5个植被垂直带均有分布，跨度最广；白腹锦鸡痕迹点主要分布于除常绿革叶、针叶灌丛以及高山草甸的另外4个植被带中；血雉痕迹点分布在除常绿阔叶林的另外4个植被带中；灰胸竹鸡、四川山鹧鸪仅在海拔2 000 m以下的常绿阔叶林植被带有分布。整体上看，分布于海拔2 400~2 800 m的针阔叶混交林以及常绿革叶、针叶灌丛植被带的雉类痕迹点比例最高。

2.对不同植被起源的利用

保护区内8种雉类对不同植被起源类型的利用情况见表6–7所示。

表6–7　雉类对不同植被起源类型的利用情况

物种	痕迹点分布比例 / %			
	原始林	次生林	人工林	高山灌丛、草甸
绿尾虹雉(n=13)	23	0	0	77
红腹角雉(n=111)	4	71	23	2
血雉(n=112)	14	54	14	18
环颈雉(n=9)	0	78	22	0
四川山鹧鸪(n=4)	0	100	0	0
灰胸竹鸡(n=9)	0	89	11	0
白腹锦鸡(n=121)	1	59	40	0
白鹇(n=7)	0	100	0	0

注：n为痕迹点数量。

由表6–7可知，绿尾虹雉的痕迹点主要出现在高山灌丛、草甸；其他7种雉类的痕迹点主要出现在次生林中，其中四川山鹧鸪、白鹇仅在次生林中有发现；红腹角雉和血雉的痕迹点在各种植被起源类型中均有分布。整体上看，次生林中雉类的痕迹点比例最高，人工林次之，原始林和高山灌丛、草甸的最少。

3.对坡度的利用

8种雉类对坡度的利用情况见表6–8所示。

表6-8 雉类对不同坡度的利用情况

物种	痕迹点分布比例 / %				
	0°~12°	12°~22°	22°~32°	32°~42°	>42°
绿尾虹雉(n=13)	15	8	54	23	0
红腹角雉(n=111)	12	22	33	27	6
血雉(n=112)	0	7	18	54	21
环颈雉(n=9)	11	56	11	11	11
四川山鹧鸪(n=4)	0	25	75	0	0
灰胸竹鸡(n=9)	0	22	56	22	0
白腹锦鸡(n=121)	5	21	33	28	13
白鹇(n=7)	14	22	42	22	0

注：n为痕迹点数量。

由表6-8可知，绿尾虹雉、红腹角雉、灰胸竹鸡、白腹锦鸡、白鹇、四川山鹧鸪的痕迹点主要分布在22~32度的坡度；血雉的痕迹点主要分布在32~42度的坡度；环颈雉的痕迹点主要分布在12~22度的坡度；除了血雉、白腹锦鸡、环颈雉、红腹角雉，其他4种雉类的痕迹点较少分布于超过42度的坡度，所占比例均不足1%；血雉、四川山鹧鸪、灰胸竹鸡的痕迹点在1~12度的坡度所占比例均不足1%；整体上看，雉类的痕迹点多分布于坡度12~42度的生境中。

4.对坡向的利用

8种雉类对不同坡向的利用情况见表6-9所示。

表6-9 雉类对不同坡向的利用情况

物种	痕迹点分布比例 / %			
	阳坡	半阳坡	阴坡	半阴坡
绿尾虹雉(n=13)	15	0	31	54
红腹角雉(n=111)	11	22	21	46
血雉(n=112)	22	17	43	18
环颈雉(n=9)	22	11	11	56
四川山鹧鸪(n=4)	0	75	25	0
灰胸竹鸡(n=9)	11	34	22	33
白腹锦鸡(n=121)	9	25	29	37
白鹇(n=7)	0	43	14	43

注：n为痕迹点数量。

由表6-9可知，绿尾虹雉、红腹角雉、环颈雉、白腹锦鸡4种雉类的痕迹点出现在半阴坡的比例最高，血雉的痕迹点出现在阴坡的比例最高，而四川山鹧鸪痕迹点出现在半阳坡的比例最高。整体上看，8种雉类痕迹点出现在阳坡的比例最低，而在半阳坡、半阴坡出现的比例高，除了血雉，其他7种雉类在半阳坡和半阴坡的出现比例均超过50%，如白鹇、灰胸竹鸡在半阳坡和半阴坡出现比例分别达到86%、67%，这说明不同雉类对坡向的利用具有一定的差异性。

5.生态位宽度

根据对8种雉类的生态位宽度计算结果（如表6-10所示），在4种资源维度上，白腹锦鸡综合生态位宽度最宽（3.10），这表明白腹锦鸡对4种资源维度的综合利用最广，其次是血雉、红腹角雉、绿尾虹雉、环颈雉和灰胸竹鸡，其综合生态位宽度均大于2，而白鹇、四川山鹧鸪综合生态位宽度最低，这也间接地表示特有种因为特定的栖息地环境导致生态位宽度较窄。在垂直植被带资源维度上，白腹锦鸡、血雉的生态位宽度均大于2，其次为绿尾虹雉、环颈雉、红腹角雉、白鹇；而灰胸竹鸡和四川山鹧鸪最低，为1，说明两者在该资源维度上只利用了其中一种垂直带植被。在生境起源资源维度上，血雉的综合生态位宽度最宽（2.73），其次是白腹锦鸡、红腹角雉、绿尾虹雉、环颈雉、灰胸竹鸡，其生态位宽度均大于1，只有四川山鹧鸪和白鹇生态位宽度最窄，为1，说明四川山鹧鸪和白鹇在该资源维度上只利用了其中一种资源。在坡度资源维度上，除了四川山鹧鸪，其余7种雉类具有较宽的生态位宽度，大于2，说明多数雉类在该资源维度具有较宽的生态位宽度。在坡向的维度上，除了四川山鹧鸪和白鹇，其他雉类生态位宽度均大于2，说明多数雉类在该资源维度具有较宽的生态位宽度。

表6-10　雉类在各资源维度上的生态位宽度

物种	垂直植被带	生境起源	坡度	坡向	综合
灰胸竹鸡	1.00	1.24	2.44	3.51	2.05
白鹇	1.32	1.00	2.33	2.59	1.81
环颈雉	1.58	1.52	2.76	2.59	2.11
白腹锦鸡	2.99	1.97	3.99	3.43	3.10
血雉	2.17	2.73	2.68	3.39	2.74
红腹角雉	1.40	1.79	4.03	3.12	2.59

续表6-10

物种	垂直植被带	生境起源	坡度	坡向	综合
四川山鹧鸪	1.00	1.00	1.60	1.60	1.20
绿尾虹雉	1.99	1.55	4.14	2.44	2.53

6.生态位重叠度

保护区8种雉类的生态位重叠见表6-11所示。

表6-11 雉类在各资源维度上的生态位重叠

物种	资源维度	灰胸竹鸡	白鹇	环颈雉	白腹锦鸡	血雉	红腹角雉	四川山鹧鸪	绿尾虹雉
灰胸竹鸡	垂直植被带	1	0.86	0.11	0.19	0	0.03	1	0
	生境起源	1	0.89	0.89	0.7	0.65	0.82	0.89	0
	坡度	1	0.50	0.44	0.76	0.47	0.77	0.78	0.84
	坡向	1	0.81	0.67	0.90	0.68	0.89	0.55	0.67
	综合	1							
白鹇	垂直植被带	0.86	1	0.22	0.33	0	0.09	0.86	0
	生境起源	0.89	1	0.78	0.59	0.54	0.71	1	0
	坡度	0.50	1	0.33	0.61	0.72	0.67	0.28	0.65
	坡向	0.81	1	0.65	0.76	0.51	0.80	0.57	0.57
	综合	0.77							
环颈雉	垂直植被带	0.11	0.22	1	0.62	0.65	0.87	0.11	0
	生境起源	0.89	0.78	1	0.81	0.68	0.93	0.78	0
	坡度	0.44	0.33	1	0.59	0.4	0.61	0.36	0.41
	坡向	0.67	0.65	1	0.68	0.62	0.78	0.22	0.80
	综合	0.53	0.50						
白腹锦鸡	垂直植被带	0.19	0.33	0.62	1	0.46	0.55	0.19	0.06
	生境起源	0.7	0.59	0.81	1	0.64	0.83	0.59	0.01
	坡度	0.76	0.61	0.59	1	0.66	0.92	0.53	0.52
	坡向	0.90	0.76	0.68	1	0.73	0.90	0.50	0.75
	综合	0.64	0.57	0.68					

续表6-11

物种	资源维度	灰胸竹鸡	白鹇	环颈雉	白腹锦鸡	血雉	红腹角雉	四川山鹧鸪	绿尾虹雉
血雉	垂直植被带	0	0	0.65	0.46	1	0.72	0	0.28
	生境起源	0.65	0.54	0.68	0.64	1	0.74	0.54	0.32
	坡度	0.47	0.72	0.4	0.66	1	0.58	0.25	0.48
	坡向	0.68	0.51	0.62	0.73	1	0.67	0.42	0.64
	综合	0.45	0.44	0.59	0.62				
红腹角雉	垂直植被带	0.03	0.09	0.87	0.55	0.72	1	0.03	0.08
	生境起源	0.82	0.71	0.93	0.83	0.74	1	0.71	0.06
	坡度	0.77	0.67	0.61	0.92	0.58	1	0.55	0.76
	坡向	0.89	0.80	0.78	0.90	0.67	1	0.44	0.77
	综合	0.63	0.57	0.80	0.80	0.68			
四川山鹧鸪	垂直植被带	1	0.86	0.11	0.19	0	0.03	1	0
	生境起源	0.89	1	0.78	0.59	0.54	0.71	1	0
	坡度	0.78	0.28	0.36	0.53	0.25	0.55	1	0.62
	坡向	0.55	0.57	0.22	0.50	0.42	0.44	1	0.25
	综合	0.80	0.68	0.37	0.45	0.30	0.43		
绿尾虹雉	垂直植被带	0	0	0	0.06	0.28	0.08	0	1
	生境起源	0	0	0	0.01	0.32	0.06	0	1
	坡度	0.84	0.65	0.41	0.52	0.48	0.76	0.62	1
	坡向	0.67	0.57	0.80	0.75	0.64	0.77	0.25	1
	综合	0.38	0.30	0.30	0.36	0.43	0.42	0.22	

从8种雉类的生态位重叠度计算结果可以看出，灰胸竹鸡、白鹇、四川山鹧鸪综合生态位重叠度较高，均不小于0.68，这可能与3种雉类分布区域重叠（觉莫区域）有关，它们对分布区域的部分环境因子要求相似，因此综合生态位重叠度较大。对于2种生态位宽度较宽的雉类白腹锦鸡和红腹角雉，相互之间的综合生态位重叠度达到0.8，说明这两种雉类栖息地环境相似。绿尾虹雉与其他雉类的综合生态位重叠度均较小，不超过0.5，这可能与绿尾虹雉主要分布于高海拔生境有关。

6.5.3　密度和数量

1.密度

调查人员共设置了12条监测样线，设置监测样点57个，共监听到6种雉类；根据各个物种的分布海拔、栖息地分布和实际监听结果，确定纳入计算的样点数量。由于四川山鹧鸪和灰胸竹鸡主要分布在海拔2 000 m及以下，且主要在觉莫区域有发现，这2个物种的密度计算仅采用觉莫区域的10个样点。由于血雉在低海拔的觉莫区域没有发现，也基本没有栖息地分布，在调查和访问中也没有发现觉莫区域有分布，故计算血雉的密度时剔除了觉莫区域的10个样点。雉类物种调查样点数量见表6-12所示。

表6-12　各物种的调查样点数量统计表

物种	白腹锦鸡	红腹角雉	环颈雉	血雉	四川山鹧鸪	灰胸竹鸡
样点数量	57	57	57	47	10	10

Distance软件中雉类密度计算结果见表6-13所示。

表6-13　Distance软件计算结果（*n*为个体数量）

雉类	占区雄鸟密度/（只/km²）	有效探测宽度/m	个体密度分析的变异系数（CV）	密度分析变化区间	探测函数模型
白腹锦鸡（*n*=62）	7.05	216.21	0.20	[4.76,10.43]	uniform+ cosine
红腹角雉（*n*=11）	0.35	378.14	0.60	[0.11,1.10]	uniform+ cosine
四川山鹧鸪（*n*=11）	6.27	246.86	0.31	[3.36,11.69]	uniform+ cosine
血雉（*n*=6）	4.06	100.00	0.45	[1.70,9.70]	uniform+ cosine
灰胸竹鸡（*n*=1）	12.73	50.00	1.000	[1.94,83.72]	uniform+ cosine
环颈雉（*n*=1）	2.23	50.00	1.000	[0.42,11.84]	uniform+ cosine

注：*n*为痕迹点数量。

分析结果显示，白腹锦鸡的个体密度变异系数最低；其次是四川山鹧鸪、血雉、红腹角雉，均小于1；灰胸竹鸡、环颈雉的个体密度变异系数均为1。数据说明对灰胸竹鸡与环颈雉这两种雉类的密度推算结果存在很大的误差，结果不可信，这可能是记录的个体过少造成的，灰胸竹鸡、环颈雉都只记录了1次。对白腹锦鸡、红腹角雉、四川山鹧鸪、血雉的推算则较为准确，因此仅对这4种雉类的数量进行估算。

2.数量

综合样线法和样方法的调查结果，估算保护区内5种雉类的种群数量如表6–14所示，保护区雉类的数量可以以估计最大值为种群数量。

表6–14　黑竹沟国家级自然保护区雉类密度和数量估算

雉类	样点法个体密度/（只/km²）	样线法个体密度/（只/km²）	适宜栖息地面积/（km²）	数量/只（样点法）	数量/只（样线法）
白腹锦鸡	14.10	1.82	72.41	1021	132
红腹角雉	4.14	4.14	119.54	84	495
四川山鹧鸪	12.54	2.64	2.10	26	6
血雉	8.12	3.54	106.47	865	377
绿尾虹雉		1.14	28.02		32
灰胸竹鸡		6.00	点少，不满足预测		
环颈雉			仅记录1次		
白鹇			仅发现羽毛		

7 哺乳动物类

7.1 调查方法

哺乳动物多样性调查主要采用样线法和样方法，大中型哺乳动物调查主要采用样线法，小型哺乳动物调查主要采用样方法，在样方中采用铗日法和陷阱法。鉴于保护区从2013年开始至今开展了红外相机调查，本次对保护区收集的红外相机相片进行了整理和分析。

样线法：每条样线按海拔从低到高设置，穿越保护区所有生境类型；在样线调查过程中，以1~3 km·h^{-1}的速度行进，观察并记录样线两侧和前方大中型哺乳动物的相关信息。记录内容包括：哺乳动物的实体及数量、痕迹（如食迹、足迹、粪便 、抓痕等）和遗迹（如骨骼、皮张、毛发等），并对发现痕迹点进行GPS定位，记录经纬度、海拔和生境。样线调查与鸟类样线基本重合，调查时间为2017年11月，2018年4月、6—7月、9月、12月，2019年6月和9月，共7次，共设置调查样线46条。

样方法：采用铗日法进行小型哺乳动物的调查和采集。相邻样方间隔距离大于100 m，尽可能选择临近区域不同的植被和生境类型进行样方布设，每个样方49个鼠夹，按7×7布设，夹距和行距均为5 m。每个样方布夹1铗日，每日下午放夹，次日上午收夹。对捕获的小型哺乳动物进行野外编号、称量体重、常规测量、解剖鉴定性别并确认生殖状态。在野外对采集到的样本进行初步鉴定，将样本带回实验室后做进一步的系统鉴定。采集的样本存放在乙醇中，保存于四川大学自然博物馆（NHMSU）。小型哺乳动物的调查时间为2018年4月、6月、7月、9月、12月，共设置184个样方，放置鼠夹9 016个铗日，样方海拔跨度为1 537~3 830 m（如表7-1所示）。

表7-1 各海拔段样方及铗日数

海拔段编号	1	2	3	4	5	6	7	8
海拔下限/m	1 537	1 750	2 050	2 350	2 650	2 950	3 250	3 550
海拔上限/m	1 749	2 049	2 349	2 649	2 949	3 249	3 549	3 830
植被类型	Ⅰ	Ⅰ	Ⅱ	Ⅲ、Ⅳ	Ⅲ、Ⅳ、Ⅴ	Ⅴ	Ⅴ、Ⅵ、Ⅶ	Ⅵ、Ⅶ
样方数量/个	25	41	41	31	21	13	6	6
收夹数量/（铗日）	1 225	2 009	2 009	1 519	1 029	637	294	294

注：Ⅰ—常绿阔叶林；Ⅱ—常绿、落叶阔叶混交林；Ⅲ—落叶阔叶林；Ⅳ—针阔混交林；Ⅴ—亚高山针叶林；Ⅵ—亚高山灌丛；Ⅶ—亚高山草甸。

红外相机调查：由于保护区地形地貌复杂，使用公里网格布设方式难度较大，故采用随机布设法和公里网格结合法。在保护区及周边选取了5个哺乳动物痕迹较多的区域，每个区域划分为1 km×1 km网格，每个网格中设置2~3个相机位点，相机位点布设在海拔为2 000~3 000 m的森林范围。相机布设时间为2013年3月至2018年3月。相机型号为RECONYX PC800，设置为触发则连续拍摄10张照片，时间间隔1 s。相机安放在兽径上合适的树干上，高度0.5~1.0 m，在不破坏周边植被的情况下，保证拍摄角度合适、拍摄视野开阔。记录相机放置的日期、GPS位点、海拔、坡度、坡向、动物痕迹、植被类型及人为干扰等信息。以2个月为一个拍摄周期，一年分为6个拍摄周期。新周期开始去收取上一期的照片储存卡并更换部分或者全部相机位点。收回的照片数据按照拍摄周期、网格编号、相机编号进行分类储存。

7.2 物种组成与区系

7.2.1 物种组成

根据实地调查，结合保护区红外相机监测及相关文献资料，按照《中国哺乳动物野外手册》（Smith和解焱，2009）的分类体系，确认保护区共有哺乳动物8目24科82种（如表7-2、附表6所示），其中调查发现45种（包括红外相机监测数据），资料记录37种。在目级水平上，物种数最多的是啮齿目，有26种，占全部物种的31.71%；在科级水平上，物种数最多的是鼠科，有14种，占全部物种的17.07%（如表7-2所示）。2004年科学考察记录的中华穿山甲（*Manis pentadactyla*）、貉（*Nyctereutes procyonoides*）、豹（*Panthera paidus*）3种哺乳动物，调查中没有发现，也难以确认其是否有继续存在的可能，故本次没有将这3个物种列入保护区哺乳动物物种名录，保护区需要长期关注这3个物种的信息。

表7-2 四川黑竹沟国家级自然保护区哺乳动物分类阶元统计

目	物种数/种	比例/%	科	物种数/种	比例/%
灵长目	2	2.44	猴科	2	2.44
啮齿目	26	31.71	松鼠科	5	6.09
			竹鼠科	1	1.22
			仓鼠科	5	6.09
			鼠科	14	17.07
			豪猪科	1	1.22
兔形目	2	2.44	鼠兔科	1	1.22
			兔科	1	1.22
猬形目	1	1.22	猬科	1	1.22

续表7-2

目	物种数/种	比例/%	科	物种数/种	比例/%
鼩形目	14	17.07	鼩鼱科	10	12.19
			鼹科	4	4.88
翼手目	9	10.98	菊头蝠科	4	4.88
			蝙蝠科	5	6.09
食肉目	19	23.16	猫科	2	2.44
			灵猫科	4	4.88
			犬科	3	3.67
			熊科	2	2.44
			鼬科	7	8.53
			小熊猫科	1	1.22
偶蹄目	9	10.98	猪科	1	1.22
			麝科	1	1.22
			鹿科	3	3.67
			牛科	4	4.88

1.小型哺乳动物

样方法共捕获小型哺乳动物个体536只，总捕获率5.9%。经鉴定，小型哺乳动物共21种，隶属于4目7科13属。其中啮齿目小型哺乳动物3科7属13种，占所有捕获物种数的61.9%、捕获个体数的84.5%；鼩形目2科4属6种，占捕获物种数的28.6%、个体数的6.2%；猬形目1种，占捕获物种数的4.8%、个体数的6.3%；兔形目1种，占捕获物种数的4.8%、个体数的3%。区域优势种有3种：中华姬鼠（*Apodemus draco*）（占捕获个体数的33.2%）、北社鼠（*Niviventer confucianus*）（占捕获个体数的21.3%）和中华绒鼠（*Eothenomys chinensis*）（占捕获个体数的12.7%）；3个优势种的总捕获数为360只，占全部捕获个体总数的67.2%。捕获个体数量小于1%的有8种（如表7-3所示）。

表7–3　黑竹沟国家级自然保护区小型哺乳动物物种组成

物种	捕获数/只	捕获率/%	捕获数量比例/%
鼩猬 *Neotetracus sinensis*	34	0.4	6.3
藏鼠兔 *Ochotona thibetana*	16	0.2	3.0
中华绒鼠 *Eothenomys chinensis*	68	0.8	12.%
西南绒鼠 *Eothenomys custos*	12	0.1	2.2
黑腹绒鼠 *Eothenomys melanogaster*	3	<0.1	0.6
凉山沟牙田鼠 *Proedromys liangshanensis*	10	0.1	1.9
高山姬鼠 *Apodemus chevrieri*	5	0.1	0.9
中华姬鼠 *Apodemus draco*	178	2.0	33.2
大耳姬鼠 *Apodemus latronum*	26	0.3	4.9
大林姬鼠 *Apodemus peninsulae*	11	0.1	2.1
巢鼠 *Micromys minutus*	8	0.1	1.5
北社鼠 *Niviventer confucianus*	114	1.3	21.3
针毛鼠 *Niviventer fulvescens*	14	0.2	2.6
滇攀鼠 *Vernaya fulva*	2	<0.1	0.4
隐纹松鼠 *Tamiops swinhoei*	2	<0.1	0.4
短尾鼩 *Anourosorex squamipes*	11	0.1	2.1
长尾鼩鼱 *Episoriculus caudatus*	2	<0.1	0.4
小纹背鼩鼱 *Sorex bedfordiae*	10	0.1	1.9
纹背鼩鼱 *Sorex cylindricauda*	2	<0.1	0.4
等齿鼩鼹 *Uropsilus aequodonenia*	5	0.1	0.9
鼩鼹 *Uropsilus soricipes*	3	<0.1	0.6
合计	536	5.9	

2.大中型哺乳动物

5年累计17 777个相机工作日共获得哺乳动物独立有效照片1 179张，家畜独立有效照片163张，人类活动独立有效照片72张。鉴别出哺乳动物物种4目12科18种（如表7-4所示），其中国家一级重点保护野生动物有大熊猫（*Ailuropoda melanoeuca*）、林麝（*Moschus berezovskii*）2种，国家二级重点保护野生动物有黑熊（*Ursus thibetanus*）、黄喉貂（*Martes flavigula*）、大灵猫（*Viverra zibetha*）、小熊猫（*Ailurus fulgens*）、藏酋猴（*Macaca thibetana*）、中华鬣羚（*Capricornis milneedwardsii*）6种。在目级水平上，物种数最多的是食肉目，共12种，占全部调查物种数的66.67%；在科级水平上，物种数最多的是鼬科，共5种，占全部调查物种的27.78%。拍摄率和相对丰富度较高的物种分别是黄喉貂、花面狸（*Paguma larvata*）、豹猫（*Prionailurus bengalensis*）、黄鼬（*Mustela sibirica*）和小熊猫。食肉动物有豹猫、大灵猫、赤狐（*Vulpes vulpes*）、黄喉貂、黄鼬、黄腹鼬（*Mustela kathiah*）6种，其中黄喉貂、豹猫和黄鼬3种较多，可见保护区内的大中型食肉动物比较丰富，生态系统的食物网结构较好。

表7-4 黑竹沟国家级自然保护区红外相机调查哺乳动物名录

编号	科名	物种名	拉丁名	记录数量/只	PR	RAI
灵长目 Primates						
1	猴科	藏酋猴	*Macaca thibetana*	47	0.26	0.039
啮齿目 Podentia						
2	豪猪科	豪猪	*Hystrix brachyura*	83	0.47	0.07
食肉目 Carnivora						
3	猫科	豹猫	*Prionailurus bengalensis*	127	0.71	0.107
4	灵猫科	大灵猫	*Viverra zibetha*	21	0.11	0.018
5		花面狸	*Paguma larvata*	177	1	0.15
6	犬科	赤狐	*Vulpes vulpes*	35	0.19	0.03
7	熊科	大熊猫	*Ailuropoda melanoeuca*	31	0.17	0.026
8		黑熊	*Ursus thibetanus*	28	0.16	0.024
9	鼬科	猪獾	*Arctonyx collaris*	87	0.49	0.074
10		狗獾	*Meles leucurus*	5	0.03	0.004

续表7-4

编号	科名	物种名	拉丁名	记录数量/只	PR	RAI
11		黄喉貂	*Martes flavigula*	235	1.3	0.199
12		黄腹鼬	*Mustela kathiah*	5	0.03	0.004
13		黄鼬	*Mustela sibirica*	123	0.69	0.104
14	小熊猫科	小熊猫	*Ailurus fulgens*	116	0.65	0.098
			偶蹄目 Artiodactyla			
15	猪科	野猪	*Sus scrofa*	13	0.07	0.011
16	麝科	林麝	*Moschus berezovskii*	3	0.01	0.003
17	鹿科	毛冠鹿	*Elaphodus cephalophus*	42	0.24	0.036
18	牛科	中华鬣羚	*Capricornis milneedwardsii*	1	0.006	0.001

不同年份拍摄的物种数和拍摄率统计结果见表7–5。5年共拍摄到18个物种，每年拍摄的物种基本都在80%以上，不同年间动物的拍摄率和物种数存在一定的差异。拍摄物种数量与相机工作日没有明显的线性关系。

表7–5　不同年份红外相机拍摄的物种数量及拍摄率

	2013年	2014年	2015年	2016年	2017年
物种拍摄率（TPR）	4.88	8.57	5.79	7.24	6.53
物种数 / 个	13	14	16	16	15
相机工作日 / 天	3 097	4 130	4 788	2 930	2 832

在5年拍摄的18种物种中，连续5年都拍摄到的有黄喉貂、黄鼬、小熊猫、毛冠鹿（*Elaphodus cephalophus*）、花面狸、豪猪（*Hystrix brachyura*）、大熊猫、豹猫、大灵猫、藏酋猴、猪獾（*Arctonyx collaris*）这11种，占61.11%，说明这些物种在区域内有一定的种群数量。5年中，年度相对丰富度最高的物种分别为黄鼬、黄喉貂和花面狸这3种，但不同年间存在一定程度的排序变化。从年度相对丰富度排名前5的情况看，5年都较高的有黄喉貂和花面狸2种，说明这两个物种在保护区内的种群数量较大，分布较广；4年相对丰富度都较高的有黄鼬和豹猫（如表7–6所示）。

表7-6 不同年份红外相机监测物种相对丰富度

排名	2013年		2014年		2015年		2016年		2017年	
	物种名	TRAI	物种名	TRAI	物种名	TRAI	物种名	TRAI	物种名	TRAI
1	黄鼬	0.245	黄喉貂	0.294	黄喉貂	0.188	花面狸	0.212	花面狸	0.249
2	黄喉貂	0.231	小熊猫	0.136	豹猫	0.162	豹猫	0.146	猪獾	0.178
3	小熊猫	0.212	花面狸	0.135	花面狸	0.101	黄鼬	0.137	黄喉貂	0.097
4	毛冠鹿	0.079	豹猫	0.090	豪猪	0.083	黄喉貂	0.123	豹猫	0.081
5	花面狸	0.066	豪猪	0.090	猪獾	0.076	猪獾	0.094	藏酋猴	0.081

7.2.2 区系

参照《中国动物地理》(张祖荣，1999)，保护区的82种哺乳动物中，属于东洋界的物种共64种，占总种数的78.05%；属于古北界的物种共13种，占总种数的15.85%；属于广布种的种类共5种，占总种数的6.1%。保护区哺乳动物区系组成特点是东洋界和古北界哺乳动物相互渗透，但以东洋界为主。保护区哺乳动物分布型统计结果如表7-7所示，保护区哺乳动物分布型以东洋型、喜马拉雅-横断山区型和南中国型为主，占比超过保护区哺乳动物的50%。

表7-7 黑竹沟国家级自然保护区哺乳动物分布型与分布区系

区系	物种数 / 种	比例 / %	分布型	物种数 / 种	比例 / %
东洋界	64	78.05	H	18	21.95
			S	14	17.07
			W	32	39.02
古北界	13	15.85	C	2	2.44
			E	1	1.22
			X	1	1.22
			P	2	2.44
			U	7	8.54
广布种	5	6.1	O	5	6.11

备注："H"为喜马拉雅-横断山区型；"W"为东洋型；"S"为南中国型；"P"为高地型；"E"为季风型；"C"为全北型； "U"为古北型； "X"东北-华北型；"O"为不易归类的分布型。

7.3 分布

7.3.1 小型哺乳动物

1.垂直分布

以300 m为单位划分海拔段,将保护区划分为1 537~1 749 m、1 750~2 049 m、2 050~2 349 m、2 350~2 649 m、2 650~2 949 m、2 950~3 249 m、3 250~3 549 m、3 550~3 830 m共8个海拔段,不同海拔段小型哺乳动物组成统计结果见表7-8所示。

1 537~1 749 m海拔段捕获小型哺乳动物7种，优势种为北社鼠（30.4%）、中华姬鼠（21.7%）、针毛鼠（*Niviventer fulvescens*）（13%）和短尾鼩（*Anourosorex squamipes*）（13%）。1 750~2 049 m海拔段捕获11种，优势种为中华姬鼠（45.9%）和北社鼠（25.5%）。2 050~2 349 m海拔段捕获16种，优势种为北社鼠（31.6%）、中华姬鼠（30.4%）和鼩猬（*Neotetracus sinensis*）（10.1%）。2 350~2 649 m海拔段捕获13种，优势种为中华姬鼠（43.9%）和北社鼠（17.3%）。2 650~2 949 m海拔段捕获12种，优势种为中华绒鼠（34.7%）、中华姬鼠（31.9%）和北社鼠（13.9%）。2 950~3 249 m海拔段捕获11种，优势种为中华绒鼠（42.5%）、藏鼠兔（*Ochotona thibetana*）（17.5%）和中华姬鼠（12.5%）。3 250~3 549 m海拔段捕获7种，优势种为中华绒鼠（51.9%）、凉山沟牙田鼠（*Proedromys liangshanensis*）（14.8%）和中华姬鼠（14.8%）。3 550~3 830 m海拔段捕获6种，优势种为中华绒鼠（30%）、凉山沟牙田鼠（25%）、中华姬鼠（25%）和西南绒鼠（*Eothenomys custos*）（10%）。结果表明，随海拔升高，群落优势种存在从北社鼠到中华姬鼠，再到中华绒鼠的优势种替换现象。在2 050~2 349 m海拔段小型哺乳动物的物种丰富度最高，达到16种。

表 7–8 不同海拔段小型哺乳动物组成

海拔段 / m	物种名	物种数 / 种	数量 / 个
1 537~1 749	鼩猬、大耳姬鼠、中华姬鼠、巢鼠、北社鼠、针毛鼠、短尾鼩	7	23
1 750~2 049	鼩猬、西南绒鼠 、大耳姬鼠 、中华姬鼠、大林姬鼠 、高山姬鼠、巢鼠 、北社鼠 、针毛鼠 、短尾鼩 、长尾鼩鼱	11	98
2 050~2 349	鼩猬 、西南绒鼠、黑腹绒鼠、大耳姬鼠 、中华姬鼠、大林姬鼠 、巢鼠 、北社鼠、针毛鼠 、隐纹松鼠 、短尾鼩 、长尾鼩鼱、小纹背鼩鼱、纹背鼩鼱、鼩鼹 、等齿鼩鼹	16	158
2 350~2 649	鼩猬 、藏鼠兔 、中华绒鼠 、西南绒鼠 、黑腹绒鼠、大耳姬鼠 、中华姬鼠、大林姬鼠、北社鼠 、隐纹松鼠 、短尾鼩 、小纹背鼩鼱、等齿鼩鼹	13	98
2 650~2 949	鼩猬 、藏鼠兔 、中华绒鼠 、西南绒鼠 、大耳姬鼠 、中华姬鼠、大林姬鼠 、北社鼠、滇攀鼠 、小纹背鼩鼱、纹背鼩鼱 、等齿鼩鼹	12	72
2 950~3 249	鼩猬 、藏鼠兔、中华绒鼠、凉山沟牙田鼠 、大耳姬鼠、中华姬鼠 、大林姬鼠 、北社鼠、针毛鼠、短尾鼩 、等齿鼩鼹	11	40
3 250~3 549	藏鼠兔 、中华绒鼠、西南绒鼠、凉山沟牙田鼠、大耳姬鼠、中华姬鼠 、北社鼠	7	27
3 550~3 830	藏鼠兔 、中华绒鼠 、西南绒鼠 、凉山沟牙田鼠、中华姬鼠 、小纹背鼩鼱	6	20

2. 生境分布

将小型哺乳动物栖息生境分为阔叶林、针阔混交林、针叶林、灌丛及灌草丛、高山灌丛草甸5种。根据实际捕获到的21种小型哺乳动物生境分布进行统计，以阔叶林小型哺乳动物物种数最多，有18种，占所有捕获物种数的85.71%；其次是针叶林和针阔混交林生境；灌丛及灌草丛和高山灌丛草甸生境的物种数最少（如表7–9所示）。

表 7–9 不同生境小型哺乳动物群落组成

项目	阔叶林	针阔混交林	针叶林	灌丛及灌草丛	高山灌丛草甸	合计
个体数/个	285	71	149	16	15	536
个体数占比/%	53.2	13.2	27.8	3.0	2.8	100
物种数/种	18	11	16	6	6	21
物种数占比/%	85.7	52.4	76.2	28.6	28.6	100

从小型哺乳动物分布生境的群落相似性分析，针叶林与灌丛及灌草丛，针阔混交林与阔叶林、针阔混交林与针叶林，它们的群落相似性最高，分别为0.83和0.73、0.64。灌丛及灌草丛与高山灌丛草甸相似性较低，为0.33，相似性最低的是阔叶林与高山灌丛草甸，仅为0.17（如表7-10所示）。

表7-10 不同生境的小型哺乳动物群落相似性

	阔叶林	针阔混交林	针叶林	灌丛及灌草丛
针阔混交林	0.73			
针叶林	0.53	0.64		
灌丛及灌草丛	0.49	0.56	0.83	
高山灌丛草甸	0.17	0.34	0.38	0.33

7.3.2 大中型哺乳动物

根据野外调查及红外相机调查结果，统计不同海拔和生境中的大中型哺乳动物种类。

海拔2 000 m以下的主要生境是常绿阔叶林和灌草丛，在此海拔段分布有大中型哺乳动物3种，分别是猕猴（*Macaca mulatta*）、藏酋猴和猪獾。

海拔2 000~2 400 m的主要生境是常绿与落叶阔叶林，在此海拔段分布有大中型哺乳动物14种，分别是猕猴、藏酋猴、豪猪、豹猫、花面狸、大灵猫、大熊猫、黑熊、猪獾、黄喉貂、黄腹鼬、黄鼬、林麝、中华斑羚（*Naemorhedus griseus*）。

海拔2 400~2 800 m的主要生境是针阔混交林和落叶阔叶林，在此海拔段分布有大中型哺乳动物18种，分别是藏酋猴、豪猪、豹猫、花面狸、大灵猫、赤狐、大熊猫、黑熊、猪獾、狗獾（*Meles leucurus*）、黄喉貂、黄腹鼬、黄鼬、小熊猫、野猪（*Sus scrofa*）、毛冠鹿、中华鬣羚、中华斑羚。

海拔2 800~3 500 m的主要生境是亚高山针叶林，在此海拔段分布有大中型哺乳动物15种，分别是豹猫、花面狸、大灵猫、赤狐、大熊猫、黑熊、猪獾、黄喉貂、黄鼬、小熊猫、野猪、毛冠鹿、中华斑羚、羚牛（*Budorcas taxicolor*）、岩羊（*Pseudois nayaur*）。

海拔3 500 m以上的主要生境是亚高山灌丛和亚高山草甸，在此海拔段分布有大中型哺乳动物6种，分别是小熊猫、豪猪、猪獾、豹猫、黑熊、中华鬣羚。

7.4 重点保护物种和特有物种

保护区内有国家重点保护野生哺乳动物18种（如表7-11所示）。其中国家一级重点保护野生哺乳动物有3种，分别为大熊猫、林麝和羚牛。国家二级重点保护哺乳动物有15种，包括藏酋猴、猕猴、金猫（*Catopuma temmincki*）、豺（*Cuon alpinus*）、黑熊、小熊猫、黄喉貂、大灵猫、小灵猫（*Viverricula indica*）、斑灵狸（*Prionodon pardicolor*）、水獭（*Lutra lutra*）、水鹿（*Cervus unicolor*）、中华鬣羚、中华斑羚和岩羊。四川省级重点保护野生动物有3种，为豹猫、毛冠鹿和赤狐。

表7-11 黑竹沟国家级自然保护区重点保护哺乳动物

物种名称		保护级别	IUCN红色名录	CITES附录级别
大熊猫	*Ailuropoda melanoleuca*	Ⅰ	Ⅰ	VU
林麝	*Moschus berezovskii*	Ⅰ	Ⅱ	EN
羚牛	*Budorcas taxicolor*	Ⅰ	Ⅱ	VU
藏酋猴	*Macaca thibetana*	Ⅱ		NT
猕猴	*Macaca mulatta*	Ⅱ		LC
金猫	*Catopuma temmincki*	Ⅱ	Ⅰ	LC
豺	*Cuon alpinus*	Ⅱ	Ⅱ	EN
黑熊	*Ursus thibetanus*	Ⅱ	Ⅰ	VU
小熊猫	*Ailurus fulgens*	Ⅱ	Ⅰ	EN
黄喉貂	*Martes flavigula*	Ⅱ	Ⅲ	LC
大灵猫	*Viverra zibetha*	Ⅱ	Ⅲ	LC
小灵猫	*Viverricula indica*	Ⅱ	Ⅲ	LC
斑灵狸	*Prionodon pardicolor*	Ⅱ	Ⅰ	LC
水獭	*Lutra lutra*	Ⅱ	Ⅰ	NT
水鹿	*Cervus unicolor*	Ⅱ		VU

续表7-11

	物种名称	保护级别	IUCN红色名录	CITES附录级别
中华鬣羚	*Capricornis milneedwardsii*	Ⅱ	Ⅰ	VU
中华斑羚	*Naemorhedus griseus*	Ⅱ	Ⅰ	VU
岩羊	*Pseudois nayaur*	Ⅱ	Ⅲ	LC
毛冠鹿	*Elaphodus cephalophus*	省级		NT
赤狐	*Vulpes vulpes*	省级		LC
豹猫	*Prionailurus bengalensis*	省级	Ⅱ	LC

注：濒危endangered（EN）；易危vulnerable（VU）；近危near threatened（NT）；无危least concern（LC）

保护区中中国特有野生动物有14种（胡锦矗和胡杰，2007），分别是大熊猫、藏酋猴、复齿鼯鼠（*Trogopterus xanthipes*）、凉山沟牙田鼠、大绒鼠（*Eothenomys miletus*）、中华绒鼠、西南绒鼠、大耳姬鼠（*Apodemus latronum*）、高山姬鼠（*Apodemus chevrieri*）、川西白腹鼠（*Niviventer excelsior*）、纹背鼩鼱（*Sorex cylindricauda*）、等齿鼩鼹（*Uropsilus aequodonenia*）、长吻鼹（*Euroscaptor longirostris*）、小麂（*Muntiacus reevesi*）。

上述21种重点保护物种的简述如下：

1.大熊猫*Ailuropoda melanoleuca*

国家一级重点保护野生动物，IUCN易危物种，CITES附录Ⅰ。栖息于海拔1 200~3 900 m，有箭竹（*Sinarundinaria*）存在的山地森林（通常为针阔叶混交林）；冬季有时下到低海拔地区。在有高大树冠的缓坡觅食。大熊猫进食30种以上的竹子，竹子占其食物组成的99%。大熊猫在树上和洞穴中隐蔽，主要是地栖性，但也善于攀爬和游泳。独居，夜行性，晨昏活动。雌性家域不重叠，而雄性家域可与数只雌性重叠。家域大小为4~8.5 km^2，主要依赖于竹子资源的质量和数量。性成熟期为4.5~6岁，繁殖季节从3月到5月；有45~120 d的延迟着床，妊娠期112~163 d。尽管每胎可有多达3仔出生，但通常只有1仔可以存活到成年，这可能是大熊猫易危的原因之一。

野外调查在马鞍山附近多次发现其活动痕迹，设置在千沟、太阳坪附近的红外相机也拍到其实体。

2.林麝*Moschus berezovskii*

国家一级重点保护野生动物，IUCN濒危物种，CITES附录Ⅱ。栖息于海拔

2 000~3 800 m的针叶林、阔叶或针阔混交林中。大多于黄昏到黎明之间活动，交替进食与休息。许多个体常在同一地点排便。以树叶、草、苔藓、地衣、嫩芽、细枝为食，能熟练地跳到树上采食。

设置在103.02588°E、28.69308°N的红外相机拍摄到2只林麝实体。

3. 羚牛 *Budorcas taxicolor*

国家一级保护野生动物，IUCN易危物种，CITES附录Ⅱ。栖息于多种生境，夏季在高山草甸觅食，冬季在谷底森林觅食，食各种草类和枝叶，有规律性的舔盐行为（更容易被狩猎）。3—4月产仔，妊娠期200~220 d，每胎1仔。

本次调查未发现羚牛痕迹，第四次熊猫调查伴生动物也未发现，而第三次熊猫调查伴生动物有羚牛的记录，所以保护区是否有羚牛分布还需进一步确认。

4. 藏酋猴 *Macaca thibetana*

国家二级重点保护野生动物，IUCN近危物种。栖息于海拔高达3 000 m的热带和亚热带山地森林。吃果实、嫩叶、昆虫、小鸟和鸟卵。集大的多雄群，唯一的猴王领导猴群保卫领地和争夺地盘。猴群既在树间活动又在地面活动，食物多来自树上。

野外调查多次发现藏酋猴的痕迹，设置的红外相机也多次拍摄到藏酋猴实体，其在保护区广布，特别是在黑竹沟景区区域常见。

5. 猕猴 *Macaca mulatta*

国家二级重点保护野生动物。栖息于森林、林地、海岸灌丛以及有灌丛和树木的岩石地区。觅食果实、叶子、芽、昆虫、小型脊椎动物及鸟卵。聚集多达50只个体的多雄群。根据栖息地适宜性，猴群会占据不同大小的家域。

野外调查未发现，访问有分布，但数量很少。

6. 金猫 *Prionailurus bengalensis*

国家二级重点保护野生动物，CITES附录Ⅰ。栖息于干燥的落叶林、热带雨林、热带草原和草地。也偶有报道见于灌丛和草原。主要以中等体型的脊椎动物为食，包括小型哺乳类、鸟类和蜥蜴，已知也猎杀家畜。独居，夜行性，主要在地面捕食，但也十分善于攀爬。

野外调查未发现，资料记录显示在保护区有分布。

7. 豺 *Cuon alpinus*

国家二级重点保护野生动物，IUCN濒危物种，CITES附录Ⅱ。可见于除沙漠外的各种栖息地——从西藏的开阔地到茂密的森林和海拔高达2 100 m的浓密的灌丛林。主要捕食大型猎物，如野猪、水鹿，以及小型鹿类、啮齿类和兔类。5~12只结群捕猎，可猎捕体型是其10倍的猎物。家域大小40~84 km²，大小可由食物和水源决定。一般昼行性，晨昏活动，但偶尔也在夜里活动。妊娠期60~62 d，春季每胎4~6仔，1岁性成熟。

野外调查未发现，资料记录显示在保护区有分布。

8.黑熊 *Ursus thibetanus*

国家二级重点保护野生动物，IUCN易危物种，CITES附录Ⅰ。栖息于栎树林、阔叶林和混交林，喜欢有森林的山丘和山脉。夏季栖息地海拔超过3 000 m，冬季则下至低海拔地区。以植食为主，也吃无脊椎动物和小型脊椎动物，且吃腐肉，有时会捕杀家畜。独居，夜行性，但果实成熟时也常在白天活动。分布在北方的熊在洞穴中冬眠，而通常认为分布在南方的、炎热地方的黑熊并不冬眠。妊娠期7~8个月，平均每胎2仔，雌性性成熟期为3~4岁。

设置在保护区噜巴阿莫附近的红外相机拍摄到黑熊实体，野外调查也发现其痕迹。

9.小熊猫 *Ailurus fulgens*

国家二级重点保护野生动物，IUCN濒危物种，CITES附录Ⅰ。见于海拔1 500~4 000 m的喜马拉雅生态系统的温带森林和下层为茂密竹林的混交林中。生活于常绿阔叶林、常绿混交林和针叶林中，主要在夏季温度低于20 ℃、冬季温度不低于0 ℃的近山谷竹丛中。小熊猫是食肉类中代谢率最低者，以适应低温环境。独居，夜行性；有时形成2~5只的小群。可以快速爬上高大树木，遇到危险时可在树间移动，但一般在地面觅食。繁殖季节以外，成年个体间很少来往，排泄物被用来标记领域。繁殖有季节性（2—3月），妊娠期120~150 d；每年一胎，平均每胎1~4仔。

设置在保护区的多台红外相机拍摄到了小熊猫实体，野外调查也多次发现小熊猫痕迹。

10.黄喉貂 *Martes flavigula*

国家二级重点保护野生动物，CITES附录Ⅲ。见于海拔200~3 000 m的雪松林、柞木林、热带松林、针叶林、潮湿的落叶林中。食物有啮齿类、鼠兔、雉鸡类、蛇、蜥蜴、昆虫、卵、青蛙、果实和花蜜等；昼行性，多在晨昏活动，但靠近人类居住地的个体转为夜行性。妊娠期为220~290 d，平均每胎2~3仔。

设置在保护区的多台红外相机拍摄到其实体，野外调查多次发现其活动痕迹。

11. 大灵猫 *Viverra zibetha*

国家二级重点保护野生动物，CITES附录Ⅲ。大灵猫见于森林、灌丛和农业地。主要为肉食性，吃鸟类、蛙类、蛇类、小型哺乳动物、卵、螃蟹、鱼、果实和根。独居，夜行性。尽管多数时间在地面，但也可爬树觅食。一年四季均可繁殖。每年2胎，每胎1~5仔。

设置在保护区太阳坪和噜巴哈莫附近的红外相机拍摄到其实体。

12. 小灵猫 *Viverricula indica*

国家二级重点保护野生动物，CITES附录Ⅲ。小灵猫见于草地和灌丛，也常见于农业区和村庄附近。捕食鼠类、松鼠、小鸟、蜥蜴、昆虫和果实，有时也捕食家禽。独居，夜行性，有时也在白天捕猎。善爬树，但更喜欢在地面觅食。善掘洞，在洞中睡觉。一年四季均可繁殖，平均每胎2~5仔。

野外调查未发现，资料记录显示在保护区有分布。

13. 斑灵狸 *Prionodon pardicolor*

国家二级重点保护野生动物，CITES附录Ⅰ。偏好海拔低于2 700 m的常绿阔叶雨林、亚热带常绿林和季雨林。在有人为干扰的森林和林缘生境也曾被发现。主要食物有小型脊椎动物、鸟卵、昆虫和浆果。树栖性，独居，夜行性，在其整个分布区都很稀少。在树洞中度过大部分时间，会下到地面觅食。2—8月繁殖，平均每胎产仔2~4胎。

野外调查未发现，资料记录显示在保护区有分布。

14. 水獭 *Lutra lutra*

国家二级重点保护野生动物，IUCN近危物种，CITES附录Ⅰ。生活在从海平面到海拔高达4 120 m的淡水区域，如江河、湖泊、池塘、溪流、湖沼、沼泽和稻田，不进入深水区域。主要以鱼类为食，偶尔还吃蛙类、鸟类、甲壳类、螃蟹、水禽、兔和啮齿类。独居，夜行性，晨昏活动，仅在交配时雌雄相伴。无季节性的繁殖，2~3岁性成熟；妊娠期63 d，每胎2~3仔。

野外调查未发现，资料记录显示在保护区有分布。

15. 水鹿 *Rusa unicolor*

国家二级重点保护野生动物，IUCN易危物种。栖息于热带森林、灌丛、丘陵和次生沼泽，向上分布达海拔3 700 m。吃草、小树的树叶、蕨类和果实，食枝叶多于吃草。晨昏和夜间活动。水鹿是一种广适性的鹿类，生活于各类有林的栖息地。白天隐藏在茂密的植被中，晚上到更为开阔的地区觅食。通常独居或者组成小的母子群。需舔食盐渍以补充矿物质，在新角生长期尤其需要。

野外调查未发现，资料记录显示在保护区有分布。

16. 中华鬣羚 *Capricornis milneedwardsii*

国家二级重点保护野生动物，IUCN易危物种，CITES附录Ⅰ。栖息于崎岖陡峭多岩石的丘陵地区，特别是海拔达到4 500 m的石灰岩地区，通常冬天在森林带，夏天转移到高海拔的峭壁区。采食多种植物的树叶和幼苗，需要到盐渍地舔食盐碱。大部分夜间活动，独居。

野外调查多次发现其活动痕迹。

17. 中华斑羚 *Naemorhedus griseus*

国家二级重点保护野生动物，IUCN易危物种，CITES附录Ⅰ。在多草的山脊和陡峭岩石坡觅食，但隐藏在森林或岩石缝隙中，它们的避难所多在有岩石遮蔽的地方。食草类、枝叶和一些果实。雄性通常独居，但有时也成对或小群在一起活动。清晨或黄昏活动，日间休息，阴天活动频繁。怀孕期6~8个月，每胎1~2仔。

野外调查在瓦基河附近发现了其活动痕迹。

18. 岩羊 *Pseudois nayaur*

国家二级重点保护野生动物，CITES附录Ⅲ。栖息于海拔2 500~5 500 m的开阔多草的山坡。以禾本科草类、高山杂草与地衣为食。生活于小的或较大的集群中，在高山草甸草类繁茂的陡坡上交替休息和觅食。雄羊有时组成单纯的雄性群，有时则混杂在家族群中。冬季交配，怀孕期160 d，于初夏产仔，每胎1仔（很少双胎），6月断奶，幼崽1.5岁成熟。

野外调查未发现，资料记录显示在保护区有分布。

19. 毛冠鹿 *Elaphodus cephalophus*

四川省级重点保护野生动物，IUCN近危物种。栖息于高湿森林，上达树线，靠近水源。在中国东南部栖于300~800 m处，在分布区中部则栖于海拔1 500~2 600 m处，而在四川西部分布海拔高达4 750 m。食物为草、树叶和果实。隐蔽，晨昏活动，常单独或成对生活。生活在防卫很好的家域中，沿着固定的路径行走，这导致它们易受圈套的危害。9—12月发情，怀孕期约6个月。4—7月产仔，每胎1~2仔。

保护区设置的红外相机多次拍到其实体。

20. 赤狐 ***Vulpes vulpes***

四川省级重点保护野生动物。栖息于各种栖息地，从荒漠到森林到大都市城区。喜欢开阔地植被交错的灌丛生境。可见于半荒漠、高山苔原、森林和农田。是群落交错环境中的捕食者，适应片段化的农业区和城市区。食物主要由小型地栖哺乳动物、兔类和松鼠类组成；其他食物还有鸡形目鸟类和其他鸟类、蛙类、蛇类、昆虫、浆果和植物。对于一些种群，腐肉也可能季节性地成为重要食物。活动范围大，领地不重叠。夜行性，贮存剩余食物。交配从12月底到次年3月底，3—5月幼崽出生；每胎产仔1~10只，偶尔达13只。

保护区设置的红外相机拍摄到其实体。

21. 豹猫 ***Prionailurus bengalensis***

四川省级重点保护野生动物，CITES附录Ⅱ。栖息地类型很多，从东南亚的热带雨林到黑龙江地区的针叶林。也生活在灌丛林中，但不栖息在草地和干草原（除边缘区和河滨生态系统）中，常避开积雪深而连续、厚度超过10 cm的地区。可见于茂密的次生林、被采伐地、人工林和农业区及人类居住地附近；曾见于喜马拉雅山区海拔1 000~3 000 m的地方。捕食小型脊椎动物，如野兔、鸟类、爬行类、两栖类、鱼类、啮齿类，偶尔也吃腐肉。夜行性，独居，善于攀爬和游泳。非季节繁殖，妊娠期60~70 d；平均每胎2~3仔，18~24个月性成熟。

保护区设置的红外相机多次拍到其实体。

7.5 主要保护对象——大熊猫

7.5.1 分布和数量

全国第三次大熊猫调查数据（国家林业局，2005）显示，黑竹沟保护区范围内有大熊猫33只。全国第四次大熊猫调查结果（四川省林业厅，2015）显示，保护区内有大熊猫29只，相比第三次调查大熊猫数量有所下降。本次调查通过微卫星技术识别并确定保护区内有大熊猫43只。

7.5.2 栖息地

保护区内大熊猫主要分布在612林场、马鞍山、太阳坪等地。大熊猫主要活动在海拔2 010~3 494 m的范围内。生境包括常绿阔叶林、常绿落叶阔叶混交林、落叶阔叶林、针阔混交林和针叶林等，尤其在后两种生境中活动频繁。根据四川省第四次大熊猫调查结果，峨边县有54只大熊猫，与第三次大熊猫调查的56只相比，减少了3.57%。全县大熊猫栖息地面积为113 057 hm^2，约占全省大熊猫栖息地总面积的5.58%，与第三次调查面积94 299 hm^2相比面积增加了19.89%；潜在栖息地面积为26 785 hm^2，与第三次调查面积35 585 hm^2相比面积减少了24.73%。第四次大熊猫调查结果显示，保护区有大熊猫栖息地面积29 359 12 hm^2。

7.5.3 遗传多样性

2016—2017年，保护区管理局委托四川大学生命科学学院开展了大熊猫遗传档案建立专项工作，共收集保护区及邻近区域大熊猫新鲜粪便样品322份。

1.样品质量评估

对黑竹沟保护区的322份粪便样品进行DNA提取，其中有275份粪便样品提取的DNA能检测到明显的条带，占粪便样品总数的85.4%。

对322份粪便样品所提取的DNA线粒体D-loop区750 bp片段进行PCR扩增，其中有240份DNA样品的线粒体D-loop能够扩增成功并成功测序，占粪便样品总数的74.5%。说明此次采集的大熊猫粪便质量较高。

2.微卫星数据库建立及个体识别

共有265份DNA样品成功进行了9个微卫星位点PCR扩增。经重复实验确认，对基因分型结果进行矫正，将正确的数据汇集起来建成野生大熊猫微卫星数据库，并用MICRO-CHECKER软件（Van Oosterhout et al.，2004）对所建立的四碱基微卫星数据库进行检查。

用Microsatellite tools软件（Park et al.，2001）对分型数据进行分析，结果见表7-12。当只用3个微卫星位点进行个体识别时，识别出39只大熊猫；当用4个及以上微卫星位点时，识别出的大熊猫数量都是43只。

表7-12 不同数量微卫星位点的个体识别模拟结果

使用位点个数/个	PID（identity）	PIDsib (sib identity)	大熊猫数量/只
3	8.197×10^{-4}	0.063 08	39
4	2.002×10^{-4}	0.032 31	43
5	4.844×10^{-5}	0.017 18	43
6	1.302×10^{-5}	0.009 188	43
7	3.520×10^{-6}	0.005 018	43
8	2.274×10^{-6}	0.004 06	43
9	1.539×10^{-6}	0.003 363	43

对黑竹沟大熊猫微卫星数据库进行分析，所使用的9个微卫星位点中，高多态性的位点有5个（PIC>0.5），中多态性的位点有3个（0.2<PIC<0.5），低多态性的位点1个（PIC<0.2）。H-W检验结果显示，9个微卫星位点中有7个满足哈德-温伯格平衡（P>0.01），GPL-29、gpz-20两个位点显著偏离哈德-温伯格平衡（P<0.01）。大熊猫种群观察杂合度（Ho）为0.186~0.721，平均为0.468 8；期望杂合度（He）的变异范围是0.176~0.788，平均为0.562 0；多态信息含量（PIC）值介于0.167~0.749，平均值为0.509 7，说明黑竹沟大熊猫核基因遗传多样性水平偏低。

通过MEGA软件对其中38只野生大熊猫个体的38个线粒体D-loop区成功测序的序列进行比对，结果显示，这38个线粒体D-loop的序列有3种单倍型，单倍型多样性h=0.582，核苷酸多样性π=0.002 27，说明黑竹沟大熊猫线粒体遗传多样性也偏低。

用ZFX F/R与SRY F/R两对引物对43只大熊猫进行性别鉴定，鉴定结果为24只雄性大熊猫和9只雌性大熊猫，还有10只大熊猫个体未能成功鉴定性别，推测为雌性的可能性较大。如果只计算性别鉴定成功的个体，黑竹沟保护区大熊猫雌雄性比严重失调，雌：雄=1：2.67，即使将未鉴定出性别的个体全部归为雌性大熊猫，雌雄性比也只有0.79。

7.5.4 取食竹种类和面积

根据全国第四次大熊猫调查的取食竹样方进行统计，凉山山系大熊猫栖息地内生长有大熊猫取食竹5属15种，保护区分布有3属8种大熊猫取食竹，分布面积见表7-13。

表7–13　大熊猫取食竹统计表

	竹种	面积/hm²
巴山木竹属	冷箭竹 *Bashania fangiana*	6 130.62
方竹属	八月竹 *Chimonobambusa szechuanensls*	1 865.56
	白背玉山竹 *Yushania glauca*	11 632.68
玉山竹属	斑壳玉山竹 *Yushania maculata*	496.74
	短锥玉山竹 *Yushania brevipaniculata*	1 370.39
	马边玉山竹 *Yushania mabianensis*	488.18
	石棉玉山竹 *Yushania lineolata*	7 638.43
	熊竹 *Yushania ailuropodina*	46.73

其中面积最大的竹种是白背玉山竹（*Yushania glauca*），面积11 632.68 hm²，占保护区大熊猫栖息地内大熊猫取食竹总面积的39.21%；其次为石棉玉山竹（*Yushania lineolata*），面积7 638.43 hm²，占该保护区大熊猫栖息地内大熊猫取食竹总面积的25.75%；第三为冷箭竹（*Bashania fangiana*），面积6 130.62 hm²，占该保护区大熊猫栖息地内大熊猫取食竹总面积的20.66%。

主要竹种生长状况如下：

1.白背玉山竹

白背玉山竹平均高度213 mm（标准差±76.67 mm），平均基径10.16 mm(±2.69 mm)，平均盖度在50%以下，年龄结构为成竹占65.53%、笋占5.04%、死亡竹占16.74%。存在病虫害。

2.石棉玉山竹

石棉玉山竹平均高度179 mm（标准差±67.37 mm），平均基径8.53 mm(±2.01 mm)，平均盖度在50%以下，年龄结构为成竹占71.60%、笋占1.99%、死亡竹占13.66%。

3.冷箭竹

冷箭竹平均高度125 mm（标准差±71.41 mm），平均基径6.77 mm(±2.54 mm)，平均盖度在50%以下，年龄结构为成竹占72.15%、笋占1.73%、死亡竹占10.48%。

8

保护管理建议

8.1 保护区面临的主要干扰因素

根据全国第四次大熊猫调查的结果，黑竹沟国家级自然保护区大熊猫栖息地的主要干扰活动有采药、放牧、偷猎和用火，样线遇见率分别为0.111 9、0.111 9、0.074 6和0.067 2，以采药和放牧最为严重（如表8-1所示）。

表8-1 黑竹沟国家级自然保护区的干扰类型及遇见率

干扰类型	样点数 / 个	遇见率 / （个/条）
1.采伐	1	0.007 5
2.采药	15	0.111 9
3.采笋	2	0.014 9
4.放牧	15	0.111 9
5.割竹	2	0.014 9
6.交通道路	6	0.044 8
7.旅游和休闲	2	0.014 9

续表8-1

干扰类型	样点数 / 个	遇见率 /（个/条）
8.其他	1	0.007 5
9.偷猎	10	0.074 6
10.水电站	3	0.022 4
11.用火	9	0.067 2

注：数据来源于四川省第四次大熊猫调查。

1.采药

保护区内野生药材资源十分丰富，主要有天麻、三七、黄连、贝母等，采药是保护区周边社区居民的收入来源之一。根据调查，有46.8%的农户会上山采药，每年4—12月在保护区内均存在采药现象。保护区内大规模的采药行为会直接造成药材资源严重减少，还有可能引起水土流失；采药人员在保护区内生火烘干药材的行为还会带来森林火灾威胁。

2.放牧

畜牧业是保护区周边社区居民的主要经济来源和肉食来源，主要的放牧对象为山羊和黄牛。根据调查，保护区内放牧集中在4—10月，保护区周边社区有600余头山羊和黄牛，放牧户年均收入1.3万元左右。放牧对保护区自然资源的影响主要表现在牲畜对植物的啃食会造成保护区植被和植物资源受破坏，放牧会压制其他动物的活动，同时存在家畜的疫源疫病向野生动物传染的风险。

3.偷猎

打猎曾是保护区周边社区居民的传统生活方式，可为其提供部分经济收入和肉类食物。保护区建立后，由于加大了宣传力度，对保护区周边社区采取了清理猎枪、猎具，处理猎狗等强制措施，偷猎行为得到一定程度的控制，但偷猎行为在保护区范围内还是时有发生。根据野外调查和访问，保护区内仍有偷猎雉类等的事件发生，多为在放牧和采药过程中顺便下套捕捉野生动物。在当地有时也会遇见一些小型野生动物出售。

4.用火

保护区内的砍柴、采笋、采药、偷猎、探险和野外监测巡护等人类活动，常常都伴随用火取暖、烹制食品等行为。这一类用火规模小、人为控制性强，由于防火工作的多年宣传，无论是工作人员或是外来人员在野外均能做到“人离火灭”，因此野外用火现还未对保护区内的生物资源造成影响。当然，一旦由用火而引起森林火灾，会对保护区产生极大的破坏。

5.交通道路

保护区内交通道路主要有各林场间的道路、林场至县城的道路，以及保护区内巡护道路等。交通道路对保护区自然资源的影响主要表现为对道路两侧动物的迁移、活动、种群基因交流等造成了阻隔和干扰。交通道路运行过程中产生的废气、废渣等污染物对沿途植物的生长和发育也会造成影响。

6.采笋

采笋收入是保护区周边社区居民的收入来源之一。除觉莫乡采笋是以“八月笋”为主外，其余均以“三月笋”为主，在每年的采笋季节，有大量的本县和外县的人上山采笋。采笋活动不仅会对大熊猫栖息地造成严重干扰，减少大熊猫的食笋资源，也会带来护林防火、偷猎等问题。

7.旅游和休闲

保护区由于环境优美，景色秀丽，便成为满足人们猎奇、探险、摄影等活动需求的理想去处。除了多数游客会按要求进入已开发的景区开展旅游外，也有少数游客未经允许非法进入禁游区域进行徒步穿越、探险猎奇等活动，主要集中在每年的4—10月。非法旅游者留下一些白色垃圾，会对保护区的自然环境造成污染破坏，同时还会对野生动物的正常生活造成干扰。此外，非法旅游还会埋下火灾隐患，也容易造成一些意外安全事故。

8.采伐

社区居民因修建房屋或生火做饭等原因，需进行木材采伐和薪材采集。从调查情况看，居民主要在集体林和自留山上进行采集和采伐，且需要获得乡人民政府或村委会的采伐许可，在保护区内，采伐和采集发生的频次很低。

8.2 保护管理建议

保护区经过多年来的建设，已具备了一定的保护管理能力，但依然面临许多问题。根据本次动物多样性调查，结合保护区保护管理需求，为了更好地保护区内生态环境和生物资源，提出以下保护管理建议：

1.加强管理机构和管理制度的建设

保护区经过多年的管理和探索，取得了一定的保护成效，但随着保护工作的发展，保护区的工作重点也需要发生变化，特别是保护区各种累积的数据，需要进行存档、分析，并应用于保护管理工作。所以保护区需要进一步加强科研监测科的机构建设，制定与数据管理和科研监测相关的制度，以指导保护区科研、监测工作的有序和有效开展。

2.加强基础设施设备的建设

保护区建立多年来，基础设施的建设远远未跟上，一些规划的设备也未落实，交通、通信条件差，巡山护林人员的工作条件和生活环境条件有待提高，监测和科研设备严重缺乏。因此，急需加大资金投入，改善和落实各种基础设施，为开展正常的保护区日常管理、监测和必要的科学研究创造良好的条件。

3.加大宣传教育力度

保护区周边社区经济和社会发展落后，有的还保存了古老传统的刀耕火种的耕作模式，对森林资源的依赖性强，利用强度较大，进入保护区内挖药、放牧及偷猎等活动还较多，对保护区的动植物及其栖息地有一定的破坏作用。保护区需要通过多种途径和方式加强对社区居民的宣传，提高他们对保护事业和保护工作的认识，并充分调动广大居民的积极性，共同做好保护工作。

可以通过电视广播、路标路牌、村委召开学习大会、张贴标语和宣传画、舞台剧表演等方式，使社区居民意识到保护区良好的生态环境和资源也能为他们带来实际收益，认识到保护区与周边群众是相互依存、共同发展的关系，这样可能就会使社区居民能自觉地保护区内的自然资源。同时，还需要注重培养青少年的环境保护意识和生物多样性保护意识，通过保护区与社会各界的共同努力使环境保护意识和生物多样性保护意识深入人心，使全民都来关心和参与环境保护和生物多样性保护。

4.加强人员培训、引进专业人才

近年来，保护区加强了人员培训和制度建设工作，通过送出去（把保护区的工作人员送出去培训）、请进来（请外面的专家进来培训保护区管理人员）的方式对保护区工作人员进行了专业培训。通过培训，保护区大部分工作人员都能了解生物多样性保护的一般知识，认识和理解保护工作对生物多样性保护的重要意义，能够开展常规的资源、环境监测工作。然而，由于缺乏专业人才，保护区无法对以往工作中获取的大量科学数据进行处理和深入分析，而这些科学数据在指导保护区动植物资源保护和管理等方面起着极为重要的作用。

因此，保护区应该设法引进专业人才，同时继续通过各种系统培训提高原有工作人员的科研能力和素质，通过科研和监测工作的开展进一步完善监测体系的科学性和系统性。通过监测数据分析，实时掌握保护区生态环境的变化情况，为实现保护区的有效保护提供科学依据。同时，要继续加强与高等学校、科研院所、国际自然保护组织的合作，进一步提高保护区的科研和管理水平，扩大保护区在国内和国际上的影响力，推动保护区的建设和发展。

5.发展周边社区经济

保护区周边社区居民生活比较贫穷，生产生活方式较为简单，对自然资源的依赖性较强。要实现保护区的有效管理，就必须协调好保护与发展的矛盾。要达到这一目的，需进一步开展资源清查，对现有资源进行合理规划，达到可持续利用的目的。引导社区居民发展高效农业和科学的养殖业，根据当地的立地条件提出合理的发展规划。从目前情况来看，开展社区共管活动，发展经济林木、栽培中药材和菌类等是可行和有效的途径。

6.加强执法力度

现保护区内的非法活动还较多，需加强保护区内的巡护工作。要依靠法律、法规武器，加强执法，严厉打击非法进入保护区进行违法活动的行为，特别是偷猎、采集行为。

7.加强科研力度

保护区自2012年晋升国家级保护区后，开展了红外相机监测工作，持续开展了对四川山鹧鸪的监测，也做了多项专项调查，包括大熊猫个体识别与遗传多样性、雉类专项调查、大熊猫重点监测、植物调查、珙桐专项调查、动物多样性专项调查等，这些监测和科研调查工作为保护区积累了较丰富的本底资料，为保护区的保护管理工作有效开展提供了良好的基础。保护区还可以更加深入地开展一些科研监测工作：

（1）保护区数据库的建立和管理。保护区已经开展了多项资源专项调查，并收集了专项调查的数据，故需要整合各类数据库，将各类调查数据收集方式标准化，并设置专人对数据进行整理和分析，及时形成文字资料，以支持保护区的管理决策和指导科研工作的开展。

（2）大熊猫DNA指纹数据库建立。大熊猫是黑竹沟国家级自然保护区的主要保护动物之一，建立大熊猫DNA指纹数据库具有重大意义。数据库可用于整理、储存大熊猫DNA指纹信息，以利于保护区掌握和储存更全面的大熊猫数量变化情况。通过巡护和监测收集大熊猫新鲜粪便，可从新鲜粪便中提取大熊猫DNA样本，以用于了解大熊猫性别、遗传多样性等信息，建立大熊猫DNA个体识别数据库，了解其数量变化及活动情况，对大熊猫进行精细化管理。

（3）四川山鹧鸪生态学研究。在前期保护区做的关于四川山鹧鸪分布调查研究的基础上，在四川山鹧鸪分布区域对其进行种群数量、繁殖、生长、食性等研究，进一步掌握四川山鹧鸪生态学系统资料，提升对该物种的保护水平。

（4）放牧活动的监管。保护区放牧活动较为频繁，从低海拔地区到高海拔地区都有不同程度的放牧活动。研究放牧活动与动物分布的关系，有助于了解放牧活动对野生动物活动的影响，有利于保护区管理处制订科学的放牧管理计划，协调保护区与社区发展的关系。

主要参考文献

[1] Andrew T.Smith，解焱.中国兽类野外手册[M].长沙:湖南教育出版社，2009.

[2] 阿留林正.乐山市黑竹沟风景区旅游地学资源特征与产品开发研究[D].成都：成都理工大学，2016.

[3] 白耀宇.资源昆虫及其利用[M].重庆:西南师范大学出版社，2010.

[4] 蔡波，王跃招，陈跃英，等.中国爬行纲动物分类厘定[J].生物多样性，2015，23（3）：365-382.

[5] 蔡国，杨楠.瓦屋山腹链蛇的再发现[J].四川动物，2008，27（2）:238.

[6] 蔡玉生，龚粤宁，卢学理，等.南岭森林哺乳动物多样性的红外相机监测[J].生态科学，2016，35（2）:57－61.

[7] 成庆泰，郑葆珊.中国鱼类系统检索上册[M].北京：科学出版社，1987.

[8] 丁瑞华.四川鱼类志[M].成都:四川科学技术出版社，1994.

[9] 杜瑞卿，王庆林，张征田，等.EPT昆虫群落分布与环境因子的相关性[J].昆虫学报，2008（3）:336-341.

[10] 樊华，何飞，杨执衡，等.四川西部甘孜和凉山地区昆虫多样性研究[J].四川林业科技，2008，29（5）:6-13.

[11] 费梁，叶昌媛.四川两栖类原色图鉴[M].北京:中国林业出版社，2001.

[12] 费梁，叶昌媛，江建平.中国两栖动物及其分布彩色图鉴[M].成都:四川科学技术出版社，2012.

[13] 费梁，等.中国两栖动物检索[M].重庆:科学技术文献出版社重庆分社，1990.

[14] 国家林业局.全国第三次大熊猫调查报告[M].北京:科学出版社，2005.

[15] 郭洪兴，程林，程松林，等.基于红外相机视频的猪獾交配行为观察[J].兽类学报，2019，39（3）:344－346.

[16] 何明友，朱荃.峨边黑竹沟地区自然植被初探[J].四川大学学报:自然科学版，1996

（3）: 347-350.

[17] 何明友，张家藻，刘绍龙，等. 峨边黑竹沟植物区系研究（一）[J]. 四川大学学报:自然科学版，1996（5）: 609-614.

[18] 胡锦矗，胡杰. 2007. 四川兽类名录新订[J]. 西华师范大学学报，28（3）: 165-171.

[19] 华立中. 屏顶螳螂属一新种[J]. 昆虫分类学报，1984，6（1）: 29-30.

[20] 粟海军，蔡静芸，冉景丞，等. 贵州佛顶山自然保护区兽类资源及其特征分析[J]. 四川动物，2013，32（1）: 137 - 142.

[21] 雷朝亮，钟昌珍. 关于昆虫资源研究利用之设想[J]. 应用昆虫学报，1995（5）: 291-293.

[22] 李晓晨，王廷正. 攀鼠的分类商榷[J]. 动物学研究，1995（4）: 325-328.

[23] 李先文. 壶瓶山国家自然保护区昆虫资源调查及群落结构分析[D]. 长沙: 湖南农业大学，2007.

[24] 李子忠，杨茂发，金道超. 雷公山景观昆虫[M]. 贵阳: 贵州科技出版社，2007.

[25] 李元胜，张巍巍. 中国昆虫生态大图鉴[M]. 重庆: 重庆大学出版社，2011.

[26] 李强，杨莲芳，吴璟，等. 西苕溪EPT昆虫群落分布与环境因子的典范对应分析[J]. 生态学报，2006，26（11）: 3817-3825.

[27] 李操，胡杰，余志伟. 四川山鹧鸪的分布及生境选择[J]. 动物学杂志，2003，38（6）: 46-51.

[28] 李蓓，邹立扣，罗燕. 大凉疣螈栖息地现状调查及其保护[J]. 四川动物，2011，30（6）: 964-966.

[29] 林开淼，徐建国，李文周，等. 福建省戴云山野生哺乳动物和鸟类红外相机监测[J]. 生物多样性，2018，26（12）: 1332 - 1337.

[30] 刘洋，孙治宇，冉江洪，等. 四川黑竹沟自然保护区的兽类资源调查[J]. 四川林业科技，2005（6）: 38-42.

[31] 刘洋，刘少英，孙治宇，等. 鼩鼹亚科（Talpidae: Uropsilinae）一新种[J]. 兽类学报，2013，33（2）: 113 - 122.

[32] 刘芳，李迪强，吴记贵. 利用红外相机调查北京松山国家级自然保护区的野生动物物种[J]. 生态学报，2012，32（3）: 730 - 739.

[33] 马世骏. 中国昆虫生态地理概述[M]. 北京: 科学出版社，1959.

[34] 潘丹，吴炳贤，张冰，等. 武陵源世界自然遗产地兽类和鸟类多样性的红外相机初步监测[J]. 兽类学报，2019，39（2）: 209 - 217.

[35] 彭吉栋. 白洋淀湿地昆虫多样性研究[D]. 保定: 河北大学，2015.

[36] 任顺祥，王兴民，庞虹，等. 中国瓢虫原色图鉴[M]. 北京:科学出版社，2019.

[37] 四川资源动物志编辑委员会. 四川资源动物志・第一卷・总论[M]. 成都: 四川人民出版社，1928.

[38] 四川省林业厅. 四川的大熊猫-四川省第四次大熊猫调查报告[M]. 成都: 四川科学技术出版社，2015.

[39] 四川资源动物志编辑委员会. 四川资源动物志·第二卷·兽类[M]. 成都: 四川科学技术出版社，1985.

[40] 四川资源动物志编辑委员会. 四川资源动物志·第三卷·鸟类[M]. 成都: 四川科学技术出版社，1985.

[41] 王直诚. 中国天牛图志[M]. 上海: 科学技术文献出版社，2014.

[42] 韦庚武，张浩淼. 蜻蜓之地[M]. 北京: 中国林业出版社，2015.

[43] 王酉之，胡锦矗. 四川兽类原色图鉴[M]. 北京: 中国林业出版社，1999.

[44] 王德良，杨道德. 酒埠江库区昆虫资源状况和保护对策[J]. 湖南林业科技，2003，30（4）：81-82.

[45] 王方，姚冲学，刘宇，等. 基于红外触发相机技术的新平县野生绿孔雀分布调查[J]. 林业调查规划，2018，43（6）: 10 - 14.

[46] 王书永. 横断山区昆虫区系初探[J]. 昆虫学报，1990，33（1）: 94-101.

[47] 吴燕如. 中国经济昆虫志（第九期　膜翅目蜜蜂总科）[M]. 北京: 科学出版社，1965.

[48] 吴永杰，雷富民. 物种丰富度垂直分布格局及影响机制[J]. 动物学杂志，2013，48（5）: 797-807.

[49] 吴永杰，杨奇森，夏霖，等. 贡嘎山东坡非飞行小型兽类物种多样性的垂直分布格局[J]. 生态学报，2012，32（14）：4318-4328.

[50] 徐希莲. 水生昆虫与水质的生物监测[J]. 莱阳农学院学报，2001（01）：66-70.

[51] 肖治术，李学友，向左甫，等. 中国兽类多样性监测网的建设规划与进展[J]. 生物多样性，2017，25; 237-245.

[52] 肖采瑜，任树芝，郑乐怡，等. 中国蝽类昆虫鉴定手册[M]. 北京: 科学出版社，1977.

[53] 尤民生. 论我国昆虫多样性的保护与利用[J]. 生物多样性，1997，5（2）: 135-141.

[54] 虞佩玉，王永书，杨星科. 中国经济昆虫志·第五十四册·鞘翅目叶甲总科（二）[M]. 北京: 科学出版社，1996.

[55] 杨平之. 高黎贡山蛾类图鉴[M]. 北京: 科学出版社，2016.

[56] 杨玉花，雷开明，刘洋，等. 九寨沟国家级自然保护区鹇形目物种组成与分布[J]. 四川林业科技，2017，38（5）: 141-144.

[57] 查玉平，骆启桂，黄大钱，等. 湖北省五峰后河国家级自然保护区蛾类昆虫调查初报[J]. 华中师范大学学报（自然科学版），2004，38（4）: 479-485.

[58] 张荣祖. 中国动物地理[M]. 北京: 科学出版社，1999.

[59] 张巍巍. 中国昆虫生态大图鉴[M]. 重庆: 重庆大学出版社. 2011.

[60] 张俊范. 四川鸟类鉴定手册[M]. 北京: 中国林业出版社，1997.

[61] 张曼，李波，王彬，等. 地震滑坡生境小型兽类群落多样性及影响因子[J]. 应用与环境生物学报，2013，19（2）: 300-304.

[62] 章书声，鲍毅新，王艳妮，等. 不同相机布放模式在古田山兽类资源监测中的比较[J]. 生态学杂志，2012，31（8）: 2016-2022.

[63] 赵尔宓. 中国的蛇类[M]. 合肥: 安徽科学技术出版社，2006.

[64] 赵尔宓. 四川爬行类原色图鉴[M]. 北京:中国林业出版社，2003.

[65] 赵尔宓，杨大同. 横断山区两栖爬行动物[M]. 北京:科学出版社，1997.

[66] 赵尔宓. 中国濒危动物红皮书 · 两栖爬行类[M]. 北京: 科学出版社，1998.

[67] 赵正阶. 中国鸟类志[M]. 长春: 吉林科学技术出版社，2001.

[68] 郑乐怡，归鸿. 昆虫分类学[M]. 南京: 南京师范大学出版社. 1996.

[69] 郑光美. 中国鸟类分类与分布名录（第三版）[M]. 北京: 科学出版社，2017.

[70] 周尧. 中国蝶类志[M]. 郑州: 河南科学技术出版社，1999.

[71] 周昕，周文豹. 屏顶螳螂属一新种记述（螳螂目:长颈螳科）[J]. 昆虫分类学报，2004，26（3）:161-162.

[72] 中国科学院动物研究所. 中国蛾类图鉴[M]. 北京:科学出版社，1981.

[73] 朱博伟，王彬，冉江洪，等. 黄喉貂日活动节律及食性的季节变化[J]. 兽类学报，2019，39（1）: 52 - 61.

[74] 朱广河，李娜，王云，等. 基于红外相机技术的交通野生动物通道监测与有效性评价[J]. 中外公路，2019，39（2）: 313 - 315.

附表1　四川黑竹沟国家级自然保护区昆虫名录

科名	序号	种名	拉丁名
蜉蝣目 Ephemeroptera			
扁蜉科 Heptageniidae	1	高翔蜉	*Epeorus* sp.
蜻蜓目 Odonata			
大蜓科 Cordulegasteridae	2	月斑大蜓	*Cordulegaster lunifera*
伪蜻科 Corduliidae	3	闪蓝丽大蜻	*Epophthalmia elegans*
蜻科 Libellulidae	4	鼎异色灰蜻	*Orthetrum triangulare*
	5	黄蜻	*Pantala flavescens*
丽蟌科 Amphipterygidae	6	壮大溪蟌	*Philoganga robusta*
色蟌科 Calopterygidae	7	紫闪色蟌	*Caliphaea consimilis*
扇蟌科 Platystictidae	8	杨氏华扇蟌	*Sinocnemis yangbingi*
襀翅目 Plecoptera			
襀科 Perlidae	9	新襀	*Neoperla* sp.
网襀科 Perlodidae	10	费襀	*Filchneria* sp.
螳螂目 Mantodea			
螳科 Mantidae	11	角胸屏顶螳	*Kishinouyeum cornutum*
	12	中华大刀螂	*Tenodera sinensis*
革翅目 Dermaptera			
球螋科 Forficulidae	13	异螋	*Allodahlia scabriuscula*
	14	克乔球螋	*Timomenus komarowi*
直翅目 Orthoptera			
驼螽科 Rhaphidophoridae	15	突灶螽	*Diestrammena japonica*
螽斯科 Tettigoniidae	16	中华螽斯	*Tettigonia chinensis*
露螽科 Phaneropteridae	17	掩耳螽	*Elimaea* sp.
	18	华绿螽	*Sinochlora* sp.
蟋蟀科 Gryllidae	19	黄脸油葫芦	*Teleogryllys emma*
斑腿蝗科 Catantopidae	20	凸额蝗属	*Traulia* sp.

续附表1

科名	序号	种名	拉丁名
半翅目 Hemiptera			
蜡蝉科 Fulgoridae	21	东北丽蜡蝉	*Limois kikuchi*
	22	斑衣蜡蝉	*Lycorma delicatula*
蝉科 Cicadidae	23	松寒蝉	*Meimuna opalifera*
	24	螂蝉	*Pomponia linearis*
沫蝉科 Cercopidae	25	东方丽沫蝉	*Cosmoscarta heros*
	26	黑斑丽沫蝉	*Cosmoscarta dorsimacula*
	27	橘红丽沫蝉	*Cosmoscarta mandarina*
	28	紫胸丽沫蝉	*Cosmoscarta exultans*
	29	象沫蝉	*Philagra* sp.
尖胸沫蝉科 Aphrophoridae	30	尖胸沫蝉	*Aphrophora bipunctata*
叶蝉科 Cicadellidae	31	黑缘条大叶蝉	*Atkinsoniella heiyuana*
猎蝽科 Reduviidae	32	橘红猎蝽	*Cydnocoris gilvus*
	33	黑角嗯猎蝽	*Endochus nigricornis*
	34	六刺素猎蝽	*Epidaus sexpinus*
	35	环斑猛猎蝽	*Sphedanolestes impressicollis*
长蝽科 Lygaeidae	36	小长蝽	*Nysius ericae*
红蝽科 Pyrrhocoridae	37	棉红蝽	*Dysdercus* sp.
	38	突背斑红蝽	*Physopelta gutta*
	39	小斑红蝽	*Physopelta cincticollis*
缘蝽科 Coreidae	40	波原缘蝽	*Coreus potanini*
	41	月肩奇缘蝽	*Derepteryx lunata*
	42	广腹同缘蝽	*Homoeocerus dilatatus*
	43	黄胫侎缘蝽	*Mictis serina*
	44	锈赭缘蝽	*Ochrochira ferruginea*
	45	点蜂缘蝽	*Riptortus pedestris*
异蝽科 Urostylidae	46	橘边娇异蝽	*Urostylis spectabilis*
同蝽科 Acanthosomatidea	47	泛刺同蝽	*Acanthosoma spinicolle*
	48	宽铗同蝽	*Acanthosoma labiduroides*

续附表1

科名	序号	种名	拉丁名
盾蝽科 Scutelleridae	49	紫蓝丽盾蝽	*Chrysocoris stolii*
兜蝽科 Dinidoridae	50	九香虫	*Aspongopus chinensis*
荔蝽科 Tessaratomidae	51	斑缘巨蝽	*Eusthenes femoralis*
蝽科 Pentatomidae	52	长叶蝽	*Amyntor obscurus*
	53	麻皮蝽	*Erthesina fullo*
	54	菜蝽	*Eurydema dominulus*
	55	二星蝽	*Stollia* sp.
	56	玉蝽	*Hoplistedera sp.*
	57	金绿曼蝽	*Menida metalica*
	58	宽碧蝽	*Palomena viridissima*
	59	褐真蝽	*Pentatoma armandi*
	60	金绿真蝽	*Pentatoma metallifera*
	61	绿点益蝽	*Picromerus viridipunctatus*
	62	广二星蝽	*Stollia ventralis*
	63	锚纹二星蝽	*Stollia montivagus*
脉翅目 Neuroptera			
蚁蛉科 Myrmeleontidae	64	长裳树蚁蛉	*Dendroleon javanus*
鞘翅目 Coleoptera			
虎甲科 Cicindelidae	65	中国虎甲	*Cicindela chinensis*
	66	幽似七齿虎甲	*Pronyssiformia excoffieri*
步甲科 Carabidae	67	暗步甲	*Amara* sp.
	68	中国丽步甲	*Calleida chinensis*
	69	粗纹步甲	*Carabus crassesculptus*
	70	狭边青步甲	*Chlaenius inops*
	71	偏额重唇步甲	*Diplocheila latifrons*
	72	婪步甲	*Harpalus* sp.
	73	耶屁步甲	*Pheropsophus jessoensis*
	74	烁颈通缘步甲	*Poecilus nitidicollis*
隐翅虫科 Staphylinidae	75	树隐翅虫	*Phytolinnus* sp.

续附表1

科名	序号	种名	拉丁名
锹甲科 Lucanidae	76	山扁锹甲	*Dorcus monticagus*
	77	三叉刀锹甲	*Dorcus seguyi*
粪金龟科 Geotrupidae	78	华武粪金龟	*Enoplotrupes sinensis*
绒毛金龟科 Glaphyridae	79	长角绒毛金龟	*Toxocerus* sp.
丽金龟科 Rutelidae	80	黄褐丽金龟	*Anomala exoleta*
	81	弱脊异丽金龟	*Anomala sulcipennis*
	82	墨绿异丽金龟	*Anomala cypriogastra*
	83	红斑矛丽金龟	*Callistethus stoliczkae*
	84	蓝边矛丽金龟	*Callistethus plagiicollis*
	85	墨绿彩丽金龟	*Mimela splendens*
	86	拱背彩丽金龟	*Mimela confucius*
	87	中华弧丽金龟	*Popillia quadrijuttata*
鳃金龟科 Melolonthidae	88	灰胸突鳃金龟	*Hoplosternus incanus*
	89	黑绒鳃金龟	*Maladera orientails*
花金龟科 Cetoniidae	90	长胸罗花金龟	*Rhomborhina fuscipes*
斑金龟科 Trichiidae	91	短毛斑金龟	*Lasiotrichius succinctus*
叩甲科 Elateridae	92	灿叩甲	*Actenicerus* sp.
	93	细胸叩甲	*Agriotes subrittatus*
	94	槽缝叩甲	*Agrypnus* sp.
	95	泥红槽缝叩甲	*Agrypnus argillaceus*
	96	黑足球胸叩甲	*Hemiops nigripes*
红萤科 Lycidae	97	黑胸红翅红萤	*Xylobanellus* sp.
	98	黑胸钩花萤	*Lycocerus nigricollis*
	99	丽花萤	*Themus* sp.
	100	地下丽花萤	*Themus hypopelius*
拟叩甲科 Languriidae	101	四拟叩甲	*Tetralanguria* sp.
瓢虫科 Coccinellidae	102	六斑异瓢虫	*Aiolocaria hexaspilota*
	103	华裸瓢虫	*Calvia chinensis*
	104	四斑月瓢虫	*Chilomenes quadriplagiata*

续附表1

科名	序号	种名	拉丁名
瓢虫科 Coccinellidae	105	瓜茄瓢虫	*Epilachna admirabilis*
	106	食植瓢虫	*Epilachna* sp.
	107	艾菊瓢虫	*Epilachna plicata Weise*
	108	黄菌瓢虫	*Halyzia* sp.
	109	隐斑瓢虫	*Harmonia yedoensis*
	110	异色瓢虫	*Harmonia axyridis*
	111	马铃薯瓢虫	*Henosepilachna vigintioctomaculata*
	112	十二星瓢虫	*Henosepilachna pusillanima*
	113	赤星瓢虫	*Lemnia saucia*
	114	十斑大瓢虫	*Megalocaria dilatata*
	115	黄缘巧瓢虫	*Oenopia sauzeti*
	116	红星盘瓢虫	*Phrynocaria congener*
	117	龟纹瓢虫	*Propylea japonica*
拟步甲科 Tenebrionidae	118	拱轴甲	*Campsiomorpha* sp.
	119	普通角伪叶甲	*Cerogira popularis*
	120	蓝背绿伪叶甲	*Chlorophila cyanea*
	121	齿角伪叶甲	*Cerogira odontocera*
	122	红色栉甲	*Cteniopinus ruber*
花蚤科 Mordellidae	123	带花蚤	*Glipa* sp.
芫菁科 Meloidae	124	红头豆芫菁	*Epicauta ruficeps*
	125	圆胸地胆芫菁	*Meloe corvinus*
天牛科 Cerambycidae	126	栗灰锦天牛	*Acalolepta degener*
	127	栗红缨天牛	*Allotraeus sauteri*
	128	华星天牛	*Anoplophora chinensis*
	129	楝星天牛	*Anoplophora horsfieldii*
	130	黄荆重突天牛	*Astathes episophalis*
	131	宝兴绿虎天牛	*Chlorophorus moupinensis*
	132	柳枝豹天牛	*Coscinesthes porosa*
	133	并脊天牛	*Glenea* sp.

续附表1

科名	序号	种名	拉丁名
天牛科 Cerambycidae	134	脊筒天牛	*Nupserha* sp.
	135	短足筒天牛	*Oberea ferruginea*
	136	暗翅筒天牛	*Oberea fuscipennis*
	137	脊胸天牛	*Rhytidodera bowringii*
	138	粗脊天牛	*Trachylophus sinensis*
负泥甲科 Crioceridae	139	分爪负泥甲	*Lilioceris* sp.
叶甲科 Chrysomelidae	140	黑足守瓜	*Aulacophora nigripennis*
	141	印度黄守瓜	*Aulacophora indica*
	142	柳二十斑叶甲	*Chrysomela vigintipunctata*
	143	杨叶甲	*Chrysomela populi*
	144	黄肩柱萤叶甲	*Gakkerucida singularis*
	145	蓝胸圆肩叶甲	*Humba cyanicollis*
	146	黄缘米萤叶甲	*Mimastra limbata*
	147	凹翅长跗萤叶甲	*Monolepta bicavipennis*
	148	长跗萤叶甲	*Monolepta* sp.
	149	柳蓝叶甲	*Plagiodera versicolora*
	150	黄色凹缘跳甲	*Podontia lutea*
肖叶甲科 Eumolpidae	151	梨光叶甲	*Smaragdina semiaurantiaca*
铁甲科 Hispidae	152	锯龟甲	*Basiprionota* sp.
	153	甘薯腊龟甲	*Laccoptera quadrimaculata*
卷象科 Attelabidae	154	黄纹卷象	*Apoderus sexguttatus*
	155	长臂卷象	*Phialodes* sp.
	156	榆卷象	*Tomapoderus ruficollis*
象甲科 Curculionidae	157	短胸长足象	*Alcidodes trifidus*
	158	浅灰瘤象	*Dermatoxenus caesicollis*
	159	绿鳞象甲	*Hypomeces squamosus*
	160	筒喙象	*Lixus* sp.
	161	丽纹象甲	*Myllocerinus* sp.
	162	梨象	*Rhynchites* sp.

续附表1

科名	序号	种名	拉丁名
	163	松瘤象	*Sipalus gigas*
双翅目 Diptera			
水虻科 Stratiomyidae	164	丽瘦腹水虻	*Sargus metallinus*
蜂虻科 Bombyliidae	165	弯斑姬蜂虻	*Sustropus curvittatus*
舞虻科 Empididae	166	驼舞虻	*Hybos* sp.
长足虻科 Dolichopodidae	167	小异长足虻	*Chrysotus* sp.
毛翅目 Trichoptera			
角石蛾科 Stenopsychidae	168	角石蛾	*Stenopsyche* sp.
瘤石蛾科 Goeridae	169	瘤石蛾	*Goera* sp.
鳞翅目 Lepidoptera			
凤蝶科 Papilionidae	170	宽尾凤蝶	*Agehana elwesi*
	171	三尾凤蝶	*Bhutanitis thaidina*
	172	多姿麝凤蝶	*Byasa polyeuctes*
	173	灰绒麝凤蝶	*Byasa mencius*
	174	麝凤蝶	*Byasa alcinous*
	175	云南麝凤蝶	*Byasa hedistus*
	176	青凤蝶	*Graphium sarpedon*
	177	碧凤蝶	*Papilio bianor*
	178	柑橘凤蝶	*Papilio xuthus*
	179	蓝凤蝶	*Papilio protenor*
	180	玉带凤蝶	*Papilio polytes*
	181	窄斑翠凤蝶	*Papilio arcturus*
	182	华夏剑凤蝶	*Pazala mandarina*
	183	圆翅剑凤蝶	*Pazala incerta*
绢蝶科 Parnassiidae	184	冰清绢蝶	*Parnassius glacialis*
粉蝶科 Pieridae	185	橙黄豆粉蝶	*Colias fieldii*
	186	圆翅钩粉蝶	*Gonepteryx amintha*
	187	隐条斑粉蝶	*Delias subnubila*
	188	宽边黄粉蝶	*Eurema hecabe*

续附表1

科名	序号	种名	拉丁名
粉蝶科 Pieridae	189	无标黄粉蝶	*Eurema brigitta*
	190	菜粉蝶	*Pieris rapae*
	191	大卫粉蝶	*Pieris davidis*
	192	大展粉蝶	*Pieris extensa*
	193	东方菜粉蝶	*Pieris canidia*
	194	黑纹粉蝶	*Pieris melete*
斑蝶科 Danaidae	195	大绢斑蝶	*Parantica sita*
	196	黑绢斑蝶	*Parantica melanea*
	197	青斑蝶	*Tirumala limniace*
环蝶科 Amathusiidae	198	箭环蝶	*Stichophthalma howqua*
眼蝶科 Satyridae	199	罗哈林眼蝶	*Aulocera loha*
	200	多斑艳眼蝶	*Callerebia polyphemus*
	201	混同艳眼蝶	*Callerebia confusa*
	202	棕带眼蝶	*Chonala praeusta*
	203	安徒生黛眼蝶	*Lethe andersoni*
	204	华山黛眼蝶	*Lethe serbonis*
	205	黄带黛眼蝶	*Lethe luteofasciata*
	206	蟠纹黛眼蝶	*Lethe labyrinthea*
	207	蛇神黛眼蝶	*Lethe satyrina*
	208	深山黛眼蝶	*Lethe insana*
	209	圣母黛眼蝶	*Lethe cybele*
	210	苔娜黛眼蝶	*Lethe diana*
	211	小云斑黛眼蝶	*Lethe jalaurida*
	212	银线黛眼蝶	*Lethe argentata*
	213	白条黛眼蝶	*Lethe albolineata*
	214	草原舜眼蝶	*Loxerebia pratorum*
	215	拟稻眉眼蝶	*Mycalesis francisca*
	216	布莱荫眼蝶	*Neope bremeri*
	217	田园荫眼蝶	*Neope agrestis*

续附表1

科名	序号	种名	拉丁名
眼蝶科 Satyridae	218	阿芒荫眼蝶	*Neope armandii*
	219	奥荫眼蝶	*Neope oberthueri*
	220	黄斑荫眼蝶	*Neope pulaha*
	221	丝链荫眼蝶	*Neope yama*
	222	白斑眼蝶	*Penthema adelma*
	223	网眼蝶	*Rhaphicera dumicola*
	224	藏眼蝶	*Tatinga tibetana*
	225	东亚矍眼蝶	*Ypthima motschulskyi*
	226	矍眼蝶	*Ypthima balda*
	227	小矍眼蝶	*Ypthima nareda*
	228	幽矍眼蝶	*Ypthima conjuncta*
蛱蝶科 Nymphalidae	229	紫闪蛱蝶	*Apatura iris*
	230	大卫蜘蛱蝶	*Araschnia davidis*
	231	曲纹蜘蛱蝶	*Araschnia doris*
	232	直纹蜘蛱蝶	*Araschnia prorsoides*
	233	布网蜘蛱蝶	*Araschnia burejana*
	234	绿豹蛱蝶	*Argynnis paphia*
	235	斐豹蛱蝶	*Argyreus hyperbius*
	236	老豹蛱蝶	*Argyronome laodice*
	237	虬眉带蛱蝶	*Athyma opalina*
	238	离斑带蛱蝶	*Athyma ranga*
	239	奥蛱蝶	*Auzakia danava*
	240	绢蛱蝶	*Calinaga buddha*
	241	红锯蛱蝶	*Cethosia biblis*
	242	网丝蛱蝶	*Cyrestis thyodamas*
	243	青豹蛱蝶	*Damora sagana*
	244	渡带翠蛱蝶	*Euthalia duda*
	245	锯带翠蛱蝶	*Euthalia alpherakyi*
	246	傲白蛱蝶	*Helcyra superba*

续附表1

科名	序号	种名	拉丁名
蛱蝶科 Nymphalidae	247	黑脉蛱蝶	*Hestina assimilis*
	248	翠蓝眼蛱蝶	*Junonia orithya*
	249	钩翅眼蛱蝶	*Junonia iphita*
	250	横眉线蛱蝶	*Limenitis moltrechti*
	251	黄重环蛱蝶	*Neptis cydippe*
	252	矛环蛱蝶	*Neptis armandia*
	253	弥环蛱蝶	*Neptis miah*
	254	娜环蛱蝶	*Neptis nata*
	255	耶环蛱蝶	*Neptis yerburii*
	256	中环蛱蝶	*Neptis hylas*
	257	重环蛱蝶	*Neptis alwina*
	258	娑环蛱蝶	*Neptis soma*
	259	白斑俳蛱蝶	*Parasarpa albomaculata*
	260	黄钩蛱蝶	*Polygonia c-aureum*
	261	大二尾蛱蝶	*Polyura eudamippus*
	262	二尾蛱蝶	*Polyura narcaea*
	263	针尾蛱蝶	*Polyura dolon*
	264	秀蛱蝶	*Pseudergolis wedah*
	265	黄帅蛱蝶	*Sephisa priaceps*
	266	散纹盛蛱蝶	*Symbrenthia lilaea*
	267	大红蛱蝶	*Vanessa indica*
	268	小红蛱蝶	*Vanessa cardui*
珍蝶科 Acraeidae	269	苎麻珍蝶	*Acraea issoria*
蚬蝶科 Riodinidae	270	白带褐蚬蝶	*Abisara fylloides*
灰蝶科 Theclinae	271	尼采梳灰蝶	*Ahlbergia nicevillei*
	272	大紫琉璃灰蝶	*Celatrina oreas*
	273	古铜彩灰蝶	*Heliophorus brahma*
	274	雅灰蝶	*Jamides bochus*
	275	亮灰蝶	*Lampides boeticus*

续附表1

科名	序号	种名	拉丁名
灰蝶科 Theclinae	276	红斑洒灰蝶	*Satyrium rubicundulum*
	277	大洒灰蝶	*Satyrium grande*
	278	淡纹玄灰蝶	*Tongeia ion*
	279	珍贵妩灰蝶	*Udara dilecta*
弄蝶科 Hesperiidae	280	钩形黄斑弄蝶	*Ampittia virgata*
	281	双色舟弄蝶	*Barca bicolor*
	282	斑星弄蝶	*Celaenorrhinus maculosus*
	283	绿弄蝶	*Choaspes benjaminii*
	284	黑弄蝶	*Daimio tethys*
	285	弄蝶	*Hesperia comma*
	286	新红标弄蝶	*Koruthaialos sindu*
	287	雪山赭弄蝶	*Ochlodes siva*
	288	曲纹稻弄蝶	*Parnara ganga*
	289	直纹稻弄蝶	*Parnara guttata*
	290	拟籼弄蝶	*Pseudoborbo bevani*
	291	黄襟弄蝶	*Pseudocoladenia dan*
刺蛾科 Limacodidae	292	显脉球须刺蛾	*Scopelodes venosa kwangtungensis*
尺蛾科 Geometridae	293	桦霜尺蛾	*Alcis repandata*
	294	白斑绿尺蛾	*Argyrocosma inductaria*
	295	丝棉木金星尺蛾	*Calospilos suspecta*
	296	勉方尺蛾	*Chorodna sedulata*
	297	毛穿孔尺蛾	*Corymica arnearia*
	298	枞灰尺蛾	*Deileptenia ribeata*
	299	兀尺蛾	*Elphos insueta*
	300	桦缘尺蛾	*Epione vespertaria*
	301	褥尺蛾	*Eustroma* sp.
	302	中国枯叶尺蛾	*Gandaritis sinicaria*
	303	青尺蛾	*Geometra sp.*
	304	贡尺蛾	*Gonodontis aurata*

续附表1

科名	序号	种名	拉丁名
尺蛾科 Geometridae	305	始青尺蛾	*Herochroma baba*
	306	青辐射尺蛾	*Iotaphora admirabilis*
	307	突尾尺蛾	*Jodis* sp.
	308	粉红边尺蛾	*Leptomiza crenularia*
	309	葡萄迴纹尺蛾	*Lygris ludovicaria*
	310	巨豹纹尺蛾	*Obeidia gigantearia*
	311	初尾尺蛾	*Ourapteryx prjmularis*
	312	四川尾尺蛾	*Ourapteryx ebuleata szechuana*
	313	柿星尺蛾	*Percnia giraffata*
	314	镰翅绿尺蛾	*Tanaorhinus reciprocata*
	315	黄蝶尺蛾	*Thinopteryx crocoptera*
	316	红星洱尺蛾	*Trichopterigia miantosticta*
	317	黑玉臂尺蛾	*Xandrames dholaria*
钩蛾科 Drepanidae	318	晶钩蛾	*Deroca hyalina*
	319	交让木钩蛾	*Hypsomadius insignis*
	320	宽铃钩蛾	*Macrocilix maia*
	321	枫树钩蛾	*Mimozethes argentilinearia*
	322	网线钩蛾	*Oreta obtusa*
	323	荚迷钩蛾	*Psiloreta pulchripes*
	324	双斑黄钩蛾	*Tridrepana adelpha*
波纹蛾科 Thyatiridae	325	泊波纹蛾	*Bombycia* sp.
	326	花篝波纹蛾	*Gaurena albifasciata*
	327	费浩波纹蛾	*Habrosyne fraterna*
敌蛾科 Epiplemidae	328	粉蝶敌蛾	*Thuria dividi*
凤蛾科 EpicoPeiidae	329	蚬蝶凤蛾	*Psychostrophia nymphidiaria*
枯叶蛾科 Lasiocampidae	330	松毛虫	*Dendrolimus* sp.
	331	斜纹枯叶蛾	*Philudoria diversifasciata*
	332	黄角枯叶蛾	*Radhica flavovittata*
	333	栗黄枯叶蛾	*Trabala vishnou*

续附表1

科名	序号	种名	拉丁名
带蛾科 Eupterotidae	334	褐斑带蛾	*Apha subdives*
大蚕蛾科 Saturniidae	335	绿尾大蚕蛾	*Actias selene ningpoana*
	336	目大蚕蛾	*Caligula* sp.
	337	黄豹大蚕蛾	*Leopa katinka*
	338	透目大蚕蛾	*Rhodinia* sp.
	339	辛氏珠大蚕蛾	*Saturnia sinjaevi*
蚕蛾科 Bombycidae	340	钩翅赭蚕蛾	*Muatilia sphingiformis*
天蛾科 Sphingidae	341	条背天蛾	*Cechenena lineosa*
	342	甘薯天蛾	*Herse convolvuli*
	343	银条斜线天蛾	*Hippotion celerio*
	344	紫光盾天蛾	*Phyllosphingiu dissimilis sinensis*
舟蛾科 Notodontidae	345	半明奇舟蛾	*Allata laticostalis*
	346	白二尾舟蛾	*Cerura tattakana*
	347	三线雪舟蛾	*Gazalina chrysolopha*
	348	弯臂冠舟蛾	*Lophocosma nigrilinea*
	349	尖瓣舟蛾	*Struba argenteodivisa*
毒蛾科 Lymantriidae	350	茸毒蛾	*Dasychira* sp.
	351	杧果毒蛾	*Lymantria marginata*
	352	鹅点足毒蛾	*Redoa anser*
灯蛾科 Arctiidae	353	白黑华苔蛾	*Agylla ramelana*
	354	点清苔蛾	*Apistosia subnigra*
	355	首丽灯蛾	*Callimorpha principalis*
	356	花布丽灯蛾	*Camptoloma interiorata*
	357	华雪苔蛾	*Chionaema divakara*
	358	路雪苔蛾	*Chionaema adita*
	359	优雪苔蛾	*Chionaema hamata*
	360	缘点土苔蛾	*Eilema costipuncta*
	361	台日苔蛾	*Heliorabdia taiwana*
	362	黑轴美苔蛾	*Miltochrista cardinalis*

续附表1

科名	序号	种名	拉丁名
灯蛾科 Arctiidae	363	优美苔蛾	*Miltochrista striata*
	364	粉蝶灯蛾	*Nyctemera plagifera*
	365	白腹污灯蛾	*Spilarctia melansoma*
	366	白污灯蛾	*Spilarctia neglecta*
	367	点污灯蛾	*Spilarctia stigmata*
	368	黑带污灯蛾	*Spilarctia quercii*
	369	红线污灯蛾	*Spilarctia rubilinea*
	370	强污灯蛾	*Spilarctia robusta*
	371	黑长斑苔蛾	*Thysanoptyx incurvata*
鹿蛾科 Amatidae	372	红带新鹿蛾	*Caeneressa rubrozonata*
夜蛾科 Noctuidae	373	人心果阿夜蛾	*Achaea serva*
	374	青安钮夜蛾	*Anua tirhaca*
	375	一点拟灯蛾	*Asota caricae*
	376	一点顶夜蛾	*Callyna monoleuca*
	377	柳裳夜蛾	*Catocala electa*
	378	缟裳夜蛾	*Catocala fraxini*
	379	白光裳夜蛾	*Ephesia nivea*
	380	苎麻夜蛾	*Cocytodes caeralea*
	381	中金翅夜蛾	*Diachrysia intermixta*
	382	旋皮夜蛾	*Eligma narcissua*
	383	选彩虎蛾	*Episteme lectrix*
	384	玉边目夜蛾	*Erebus albicinctus*
	385	凡艳叶夜蛾	*Eudocima fullonica*
	386	镶艳叶夜蛾	*Eudocima homaena*
	387	滴纹锦夜蛾	*Euplexia guttata*
	388	柿梢鹰夜蛾	*Hypocala moorei*
	389	蓝条夜蛾	*Ischyja manlia*
	390	巨绿夜蛾	*Isochlora maxima*
	391	肖毛翅夜蛾	*Lagoptera juno*

续附表1

科名	序号	种名	拉丁名
夜蛾科 Noctuidae	392	桔肖毛翅夜蛾	*Lagoptera dotata*
	393	衍狼夜蛾	*Ochropleura stentzi*
	394	玫瑰巾夜蛾	*Parallelia arctotaenia*
	395	霉巾夜蛾	*Parallelia maturata*
	396	紫褐衫夜蛾	*Phlogophora subpurpurea*
	397	霉裙剑夜蛾	*Polyphaenis* sp.
	398	旋目夜蛾	*Speiredonia retorta*
	399	丹日明夜蛾	*Sphragifera sigillata*
	400	白点闪夜蛾	*Sypna astrigera*
	401	析夜蛾	*Sypnoides mandarina*
	402	碧角翅夜蛾	*Tyana chloroleuca*
膜翅目 Hymenoptera			
叶蜂科 Tenthredinidae	403	黑端刺斑叶蜂	*Tenthredo fuscoterminata*
	404	黄胫白端叶蜂	*Tenthredo lagidina*
姬蜂科 Ichneumonidae	405	长尾曼姬蜂	*Mansa longicauda*
胡蜂科 Vespidae	406	约马蜂	*Polistes jokahamae*
	407	墨胸胡蜂	*Vespa velutina*
蜜蜂科 Apidae	408	中华蜜蜂	*Apis cerana cerana*
	409	眠熊蜂	*Bombus hypnorum*
	410	亚西伯利亚熊蜂	*Bombus asiaticus*

附表2　四川黑竹沟国家级自然保护区鱼类名录

科	序号	种名	拉丁名	保护级别	数据来源	
					调查	资料
鲤形目 Cypriniformes						
鳅科	1	山鳅	*Oreias dabryi*		√	
	2	贝氏高原鳅	*Triplophysa bleekeri*		√	1
鲤科	3	麦穗鱼	*Pseudorasbora parva*			1
	4	齐口裂腹鱼	*Schizothorax (Schizothorax) prenanti*			1
鲱科	5	青石爬鲱	*Euchiloglanis kishinouyei*			1

资料1：2004年《四川黑竹沟自然保护区综合科学考察报告》

附表3　四川黑竹沟国家级自然保护区两栖类名录

科名	序号	种名	拉丁名	新保护级别	保护级别	数据来源	
						调查	资料
有尾目 Caudata							
小鲵科 Hynobiidae	1	山溪鲵	*Batrachuperus pinchonii*	Ⅱ		√	1,2
蝾螈科 Salamandridae	2	大凉螈*	*Liangshantritontaliangensis*	Ⅱ	Ⅱ	√	1,2
无尾目 Anura							
铃蟾科 Bombinatoridae	3	大蹼铃蟾	*Bombina maxima*				1,2
角蟾科 Megophryidae	4	沙坪角蟾	*Megophrys shapingensis*			√	2
蟾蜍科 Bufonidae	5	中华蟾蜍指名亚种*	*Bufo gargarizans gargarizans Candtor*			√	1,2
	6	中华蟾蜍华西亚种*	*Bufo gargarizans andrewsi Sscmidt*				1,2
雨蛙科 Hylidae	7	华西雨蛙*	*Hyla gongshanensis*				1,2
蛙科 Ranidae	8	棘皮湍蛙	*Amolops granulosus*				1,2
	9	棕点湍蛙	*Amolops loloensis*				1,2
	10	四川湍蛙	*Amolops mantzorum*				1,2
	11	华南湍蛙	*Amolops ricketti*				1,2
	12	棘腹蛙	*Quasipaa boulengeri*				1,2
	13	无指盘臭蛙	*Odorrana grahami*				1,2
	14	泽陆蛙*	*Fejervarya multistriata*				1,2
	15	黑斑侧褶蛙*	*Pelophylax nigromaculatus*				1,2
	16	花臭蛙	*Odorrana schmackeri*				1,2,3
	17	峨眉林蛙*	*Rana omeimontis*				1,2
树蛙科 Rhacophoridae	18	宝兴树蛙*	*Rhacophorus dugritei*				1,2

资料1：2004年《四川黑竹沟自然保护区综合科学考察报告》

资料2：《四川两栖类原色图鉴》

资料3：《中国两栖动物及其分布彩色图鉴》

*：大凉螈曾用名大凉疣螈，中华蟾蜍指名亚种曾用名中华蟾蜍，中华蟾蜍华西亚种曾用名华西蟾蜍，华西雨蛙曾用名华西树蟾，泽陆蛙曾用名泽蛙，黑斑侧褶蛙曾用名黑斑蛙，峨眉林蛙曾用名日本林蛙，宝兴树蛙曾用名杜氏泛树蛙/宝兴泛树蛙。

附表4　四川黑竹沟国家级自然保护区爬行类名录

科名	序号	种名	拉丁名	新保护级别	保护级别	数据来源	
						调查	资料
有鳞目 Squamata							
石龙子科 Scincidae	1	康定滑蜥	*Scincella potanini*				1,2
	2	铜蜓蜥	*Sphenomorphus indicus*			√	1,2
	3	蓝尾石龙子	*Plestiodon elegans*				1,2
鬣蜥科 Agamidae	4	丽纹攀蜥	*Japalura splendida*			√	2
游蛇科 Colubridae	5	翠青蛇	*Cyclophiops major*				1,2
	6	玉斑蛇*	*Euprepiophis mandarinus*				1,2
	7	黑眉晨蛇*	*Orthriophis taeniurus*			√	1,2
	8	紫灰蛇*	*Oreocryptophis porphyraceus*				1,2
	9	横纹玉斑蛇*	*Euprepiophis perlacea*	Ⅱ		√	1,2
	10	王锦蛇	*Elaphe carinata*			√	2
	11	赤链蛇	*Lycodon rufozonatum*			√	2
	12	乌梢蛇	*Ptyas dhumnades*			√	2
	13	大眼斜鳞蛇	*Pseudoxenodon macrops*			√	1,2
	14	瓦屋山腹链蛇	*Hebius metusia*			√	2
	15	中国钝头蛇	*Pareas chinensis*			√	1,2
	16	颈槽蛇	*Rhabdophis nuchalis*			√	2
	17	黑纹颈槽蛇	*Rhabdophis nigrocinctus*			√	2
	18	九龙颈槽蛇	*Rhabdophis pentasupralabialis*				1,2
	19	虎斑颈槽蛇	*Rhabdophis tigrinus*				1,2
蝰科 Viperidae	20	白头蝰	*Azemiops kharini*				1,2
	21	原矛头蝮	*Protobothrops mucrosquamatus*				1,2
	22	菜花原矛头蝮	*Protobothrops jerdonii*			√	1,2
	23	台湾烙铁头	*Ovophis makazayazaya*			√	1,2

资料1：2004年《四川黑竹沟自然保护区综合科学考察报告》

资料2：《四川爬行类原色图鉴》

*：玉斑蛇曾用名玉斑锦蛇，黑眉晨蛇曾用名黑眉锦蛇，紫灰蛇曾用名紫灰锦蛇，横纹玉斑蛇曾用名横斑锦蛇。

附表5 四川黑竹沟国家级自然保护区鸟类名录

科名	序号	种名	拉丁名	新保护级别	保护级别	数据来源		
						调查	红外相机	资料
鸡形目 Galliformes								
雉科 Phasianidae	1	四川山鹧鸪	*Arborophila rufipectus*	Ⅰ	Ⅰ	√		1,2
	2	灰胸竹鸡	*Bambusicola thoracica*			√		1,2
	3	血　雉	*Ithaginis cruentus*	Ⅱ	Ⅱ	√		1,2
	4	红腹角雉	*Tragopan temminckii*	Ⅱ	Ⅱ	√		1,2
	5	绿尾虹雉	*Lophophorus lhuysii*	Ⅰ	Ⅰ	√		2
	6	白　鹇	*Lophura nycthemera*	Ⅱ	Ⅱ	√		1,2
	7	环颈雉	*Phasianus colchicus*			√		1,2
	8	白腹锦鸡	*Chrysolophus amherstiae*	Ⅱ	Ⅱ	√		1,2
雁形目 Anseriformes								
鸭科 Anatidae	9	赤麻鸭	*Tadorna ferruginea*					1,2
	10	斑嘴鸭	*Anas poecilorhyncha*			√		1,2
	11	红头潜鸭	*Aythya ferina*			√		
	12	凤头潜鸭	*Aythya fuligula*			√		
䴙䴘目 Podicipediformes								
䴙䴘科 Podicedidae	13	小䴙䴘	*Tachybaptus ruficollis*			√		2
	14	凤头䴙䴘	*Podiceps cristatus*			√		
鸽形目 Columbiformes								
鸠鸽科 Columbidae	15	岩　鸽	*Columba rupestris*					1,2
	16	斑林鸽	*Columba hodgsonii*			√		2
	17	山斑鸠	*Streptopelia orientalis*			√		2
	18	火斑鸠	*Streptopelia tranquebarica*					1,2
	19	珠颈斑鸠	*Streptopelia chinensis*					1,2
	20	楔尾绿鸠	*Treron sphenura*	Ⅱ	Ⅱ			1,2

续附表5

科名	序号	种名	拉丁名	新保护级别	保护级别	数据来源		
						调查	红外相机	资料
夜鹰目 Caprimulgiformes								
夜鹰科 Caprimulgidae	21	普通夜鹰	*Caprimulgus indicus*					1,2
雨燕科 Apodidae	22	短嘴金丝燕	*Aerodramus brevirostris*					1,2
	23	白喉针尾雨燕	*Hirundapus caudacutus*			√		1
	24	白腰雨燕	*Apus pacificus*			√		2
	25	小白腰雨燕	*Apus nipalensis*			√		
鹃形目 Cuculiformes								
杜鹃科 Cuculidae	26	噪　鹃	*Eudynamys scolopacea*					1,2
	27	翠金鹃	*Chalcites maculatus*					2
	28	大鹰鹃	*Cuculus sparverioides*			√		2
	29	棕腹鹰鹃	*Hierococcyx nisicolor*					1
	30	小杜鹃	*Cuculus poliocephalus*			√		1,2
	31	四声杜鹃	*Cuculus micropterus*			√		2
	32	中杜鹃	*Cuculus saturatus*			√		
	33	大杜鹃	*Cuculus canorus*			√		1,2
鹤形目 Gruiformes								
秧鸡科 Rallidae	34	白骨顶	*Fulica atra*			√		2
鹤科 Gruidae	35	灰　鹤	*Grus grus*	Ⅱ	Ⅱ	√		2
鸻形目 Charadriiformes								
鹬科 Scolopacidae	36	丘　鹬	*Scolopax rusticola*					2
	37	白腰草鹬	*Tringa ochropus*					2
	38	矶　鹬	*Actitis hypoleucos*					1
鹈形目 Pelecaniformes								
鹭科 Ardeidae	39	绿　鹭	*Butorides striatus*					1
	40	池　鹭	*Ardeola bacchus*			√		1

续附表5

科名	序号	种名	拉丁名	新保护级别	保护级别	数据来源		
						调查	红外相机	资料
鹰形目 Accipitriformes								
鹰科 Accipitridae	41	黑冠鹃隼	*Aviceda leuphotes*	Ⅱ	Ⅱ	√		1,2
	42	鹰　雕	*Spizaetus nipalensis*	Ⅱ	Ⅱ	√		
	43	金　雕	*Aquila chrysaetos*	Ⅰ	Ⅰ			2
	44	凤头鹰	*Accipiter trivirgatus*	Ⅱ	Ⅱ	√		
	45	松雀鹰	*Accipiter virgatus*	Ⅱ	Ⅱ	√		1
	46	雀　鹰	*Accipiter nisus*	Ⅱ	Ⅱ	√		1,2
	47	黑　鸢	*Milvus migrans*	Ⅱ	Ⅱ			1,2
	48	普通鵟	*Buteo japonicus*	Ⅱ	Ⅱ	√		1,2
鸮形目 Strigiformes								
鸱鸮科 Strigidae	49	领角鸮	*Otus lettia*	Ⅱ	Ⅱ			1,2
	50	红角鸮	*Otus sunia*	Ⅱ	Ⅱ			1
	51	雕　鸮	*Bubo bubo*	Ⅱ	Ⅱ			1,2
	52	灰林鸮	*Strix aluco*	Ⅱ	Ⅱ			1
	53	领鸺鹠	*Glaucidium brodiei*	Ⅱ	Ⅱ			1
	54	斑头鸺鹠	*Glaucidium cuculoides*	Ⅱ	Ⅱ	√		1,2
	55	长耳鸮	*Asio otus*	Ⅱ	Ⅱ			1,2
犀鸟目 Bucerotiformes								
戴胜科 Upupidae	56	戴　胜	*Upupa epops*			√		2
佛法僧目 Coraciiformes								
翠鸟科 Alcedinidae	57	蓝翡翠	*Halcyon pileata*					1
	58	普通翠鸟	Alcedo atthis					1,2
啄木鸟目 Piciformes								
拟啄木鸟科 Capitonidae	59	大拟啄木鸟	*Psilopogon virens*			√		2
啄木鸟科 Picidae	60	蚁　䴕	*Jynx torquilla*			√		1,2
	61	斑姬啄木鸟	*Picumnus innominatus*					1,2

续附表5

科名	序号	种名	拉丁名	新保护级别	保护级别	数据来源		
						调查	红外相机	资料
啄木鸟科 Picidae	62	棕腹啄木鸟	*Dendrocopos hyperythrus*					1,2
	63	星头啄木鸟	*Dendrocopos canicapillus*			√		2
	64	赤胸啄木鸟	*Dendrocopos cathpharius*			√		
	65	黄颈啄木鸟	*Dendrocopos darjellensis*			√		
	66	白背啄木鸟	*Dendrocopos leucotos*			√		
	67	大斑啄木鸟	*Dendrocopos major*			√		
	68	大黄冠啄木鸟	*Chrysophlegma flavinucha*	Ⅱ				1
	69	灰头绿啄木鸟	*Picus canus*			√		1
	70	黄嘴栗啄木鸟	*Blythipicus pyrrhotis*			√		
隼形目 Falconiformes								
隼科 Falconidae	71	红　隼	*Falco tinnunculus*	Ⅱ	Ⅱ	√		2
雀形目 Passeriformes								
莺雀科 Vireonidae	72	红翅鵙鹛	*Pteruthius aeralatus*					1
	73	淡绿鵙鹛	*Pteruthius xanthochlorus*					2
山椒鸟科 Campephagidae	74	暗灰鹃鵙	*Lalage melaschistos*					2
	75	粉红山椒鸟	*Pericrocotus roseus*					1
	76	长尾山椒鸟	*Pericrocotus ethologus*			√		1,2
	77	短嘴山椒鸟	*Pericrocotus brevirostris*					1
卷尾科 Dicruridae	78	黑卷尾	*Dicrurus macrocercus*			√		2
	79	灰卷尾	*Dicrurus leucophaeus*					2
	80	发冠卷尾	*Dicrurus hottentottus*			√		2
王鹟科 Monarchidae	81	寿　带	*Terpsiphone incei*			√		2
伯劳科 Laniidae	82	虎纹伯劳	*Lanius tigrinus*					1,2
	83	红尾伯劳	*Lanius cristatus*			√		1,2
	84	棕背伯劳	*Lanius schach*			√		1,2
	85	灰背伯劳	*Lanius tephronotus*			√		

续附表5

科名	序号	种名	拉丁名	新保护级别	保护级别	数据来源		
						调查	红外相机	资料
鸦科 Corcidae	86	松　鸦	*Garrulus glandarius*			√		1,2
	87	红嘴蓝鹊	*Urocissa erythrorhyncha*			√		2
	88	喜　鹊	*Pica pica*			√		2
	89	星　鸦	*Nucifraga caryocatactes*			√		1
	90	达乌里寒鸦	*Corvus dauuricus*			√		
	91	小嘴乌鸦	*Corvus corone*			√		
	92	白颈鸦	*Corvus pectoralis*			√		2
	93	大嘴乌鸦	*Corvus macrorhynchos*			√		1,2
玉鹟科 Stenostiridae	94	方尾鹟	*Culicicapa ceylonensis*			√		
山雀科 Paridae	95	火冠雀	*Cephalopyrus flammiceps*			√		2
	96	黄眉林雀	*Sylviparus modestus*			√		1
	97	黑冠山雀	*Parus rubidiwentris*			√		2
	98	煤山雀	*Periparus ater*			√		
	99	黄腹山雀	*Pardaliparus venustulus*			√		1,2
	100	褐冠山雀	*Lophophanes dichrous*			√		
	101	红腹山雀	*Poecile davidi*	Ⅱ				1,2
	102	褐头山雀	*Poecile montanus*					2
	103	大山雀	*Parus major*			√		2
	104	绿背山雀	*Parus monticolus*			√		2
百灵科 Alaudidae	105	小云雀	*Alauda gulgula*					1,2
扇尾莺科 Cisticolidae	106	棕扇尾莺	*Cisticola juncidis*					2
	107	山鹪莺	*Prinia criniger*			√		
	108	纯色山鹪莺	*Prinia inornata*					1
鳞胸鹪鹛科 Pnoepygidae	109	鳞胸鹪鹛	*Pnoepyga albiventer*			√		2
	110	小鳞胸鹪鹛	*Pnoepyga pusilla*			√		

续附表5

科名	序号	种名	拉丁名	新保护级别	保护级别	数据来源		
						调查	红外相机	资料
蝗莺科 Locustellidae	111	高山短翅蝗莺	*Locustella mandelli*					1
	112	四川短翅蝗莺	*Locustella chengi*			√		
	113	斑胸短翅蝗莺	*Locustella thoracica*			√		
	114	棕褐短翅蝗莺	*Locustella luteoventris*					1
燕科 Hirundinidae	115	家　燕	*Hirundo rustica*			√		1,2
	116	岩　燕	*Ptyonoprogne rupestris*					1
	117	烟腹毛脚燕	*Delichon dasypus*			√		
	118	金腰燕	*Hirundo daurica*			√		2
鹎科 Pycnonotidae	119	领雀嘴鹎	*Spizixos semitorques*			√		2
	120	黄臀鹎	*Pycnonotus xanthorrhous*			√		2
	121	白头鹎	*Pycnonotus sinensis*			√		2
	122	绿翅短脚鹎	*Ixos mcclellandii*			√		
	123	黑短脚鹎	*Hypsipetes leucocephalus*			√		2
柳莺科 Phylloscopidae	124	褐柳莺	*Phylloscopus fuscatus*			√		
	125	华西柳莺	*Phylloscopus occisinensis*			√		
	126	棕腹柳莺	*Phylloscopus subaffinis*			√		2
	127	棕眉柳莺	*Phylloscopus armandii*					1
	128	橙斑翅柳莺	*Phylloscopus pulcher*			√		
	129	灰喉柳莺	*Phylloscopus maculipennis*					2
	130	黄腰柳莺	*Phylloscopus proregulus*			√		2
	131	四川柳莺	*Phylloscopus forresti*			√		1
	132	黄眉柳莺	*Phylloscopus inornatus*			√		
	133	极北柳莺	*Phylloscopus borealis*					1
	134	暗绿柳莺	*Phylloscopus trochiloides*			√		2
	135	双斑绿柳莺	*Phylloscopus plumbeitarsus*					2
	136	乌嘴柳莺	*Phylloscopus magnirostris*			√		
	137	冠纹柳莺	*Phylloscopus claudiae*			√		2

续附表5

科名	序号	种名	拉丁名	新保护级别	保护级别	数据来源		
						调查	红外相机	资料
柳莺科 Phylloscopidae	138	峨眉柳莺	*Phylloscopus emeiensis*					1
	139	白斑尾柳莺	*Phylloscopus davisoni*			√		
	140	黑眉柳莺	*Phylloscopus ricketti*			√		
	141	灰冠鹟莺	*Seicercus tephrocephalus*			√		
	142	比氏鹟莺	*Seicercus valentini*			√		
	143	峨眉鹟莺	*Seicercus omeiensis*			√		
	144	栗头鹟莺	*Seicercus castaniceps*			√		
树莺科 Cettiidae	145	强脚树莺	*Horornis fortipes*			√		
	146	黄腹树莺	*Horornis acanthizoides*			√		1
	147	异色树莺	*Horornis flavolivaceus*			√		
	148	金冠地莺	*Tesia olivea*					2
	149	栗头树莺	*Cettia castaneocoronata*			√		
	150	大树莺	*Cettia major*			√		
	151	棕顶树莺	*Cettia brunnifrons*			√		
长尾山雀科 Aegithalidae	152	红头长尾山雀	*Aegithalos concinnus*			√		2
	153	黑眉长尾山雀	*Aegithalos bonvaloti*			√		
莺鹛科 Sylviidae	154	金胸雀鹛	*Lioparus chrysotis*	Ⅱ		√		2
	155	宝兴鹛雀	*Moupinia poecilotis*	Ⅱ		√		1,2
	156	白眉雀鹛	*Fulvetta vinipectus*			√		
	157	褐头雀鹛	*Fulvetta cinereiceps*			√		
	158	红嘴鸦雀	*Conostoma aemodium*			√		
	159	三趾鸦雀	*Cholornis paradoxus*	Ⅱ				1,2
	160	褐鸦雀	*Cholornis unicolor*			√		
	161	白眶鸦雀	*Sinosuthora conspicillatus*	Ⅱ				1
	162	灰喉鸦雀	*Sinosuthora alphonsianus*			√		
	163	暗色鸦雀	*Sinosuthora zappeyi*	Ⅱ		√		1
	164	黄额鸦雀	*Suthora fulvifrons*			√		

续附表5

科名	序号	种名	拉丁名	新保护级别	保护级别	数据来源		
						调查	红外相机	资料
莺鹛科 Sylviidae	165	金色鸦雀	*Suthora verreauxi*			√		
	166	灰头鸦雀	*Psittiparus gularis*			√		
	167	点胸鸦雀	*Paradoxornis guttaticollis*			√		
绣眼鸟科 Zosteropidae	168	纹喉凤鹛	*Yuhina gularis*			√		
	169	白领凤鹛	*Yuhina diademata*			√		
	170	黑颏凤鹛	*Yuhina nigrimenta*					2
	171	红胁绣眼鸟	*Zosterops erythropleurus*	Ⅱ				1
	172	暗绿绣眼鸟	*Zosterops japonicus*			√		2
林鹛科 Timaliidae	173	斑胸钩嘴鹛	*Erythrogenys gravivox*			√		
	174	棕颈钩嘴鹛	*Pomatorhinus ruficollis*			√		2
	175	红头穗鹛	*Cyanoderma ruficeps*			√		2
幽鹛科 Pellorneidae	176	金额雀鹛	*Schoeniparus variegaticeps*	Ⅰ				1,2
	177	褐顶雀鹛	*Schoeniparus brunnea*					1
	178	灰眶雀鹛	*Alcippe morrisonia*			√		
噪鹛科 Leiothrichidae	179	矛纹草鹛	*Babax lanceolatus*			√		1
	180	画　眉	*Garrulax canorus*	Ⅱ		√		1,2
	181	斑背噪鹛	*Garrulax lunulatus*	Ⅱ			√	2
	182	大噪鹛	*Garrulax maximus*	Ⅱ				1
	183	眼纹噪鹛	*Garrulax ocellatus*	Ⅱ		√		2
	184	白喉噪鹛	*Garrulax albogularis*			√		2
	185	棕噪鹛	*Garrulax berthemyi*	Ⅱ		√		1
	186	白颊噪鹛	*Garrulax sannio*					1,2
	187	橙翅噪鹛	*Trochalopteron elliotii*	Ⅱ		√		1,2
	188	黑顶噪鹛	*Trochalopteron affinis*			√		2
	189	红翅噪鹛	*Trochalopteron formosus*	Ⅱ				1
	190	蓝翅希鹛	*Siva cyanouroptera*			√		2
	191	红尾希鹛	*Minla ignotincta*					1

续附表5

科名	序号	种名	拉丁名	新保护级别	保护级别	数据来源		
						调查	红外相机	资料
噪鹛科 Leiothrichidae	192	灰头斑翅鹛	*Sibia souliei*					1
	193	红嘴相思鸟	*Leiothrix lutea*	Ⅱ		√		1,2
旋木雀科 Certhiidae	194	高山旋木雀	*Certhia himalayana*					2
	195	四川旋木雀	*Certhia tianquensis*	Ⅱ		√		
鳾科 Sittidae	196	普通鳾	*Sitta europaea*			√		2
	197	栗臀鳾	*Sitta nagaensis*			√		
	198	红翅旋壁雀	*Tichodroma muraria*			√		1,2
鹪鹩科 Troglodytidae	199	鹪　鹩	*Troglodytes troglodytes*			√		2
河乌科 Cinclidae	200	河　乌	*Cinclus cinclus*					1
	201	褐河乌	*Cinclus pallasii*			√		1,2
鸫科 Turdidae	202	白眉地鸫	*Geokichla sibirica*					2
	203	淡背地鸫	*Zoothera mollissima*					2
	204	长尾地鸫	*Zoothera dixoni*				√	
	205	虎斑地鸫	*Zoothera aurea*				√	
	206	灰翅鸫	*Turdus boulboul*			√		1
	207	灰头鸫	*Turdus rubrocanus*			√		
	208	白眉鸫	*Turdus obscurus*					2
	209	宝兴歌鸫	*Zoothera mollissima*				√	1,2
	210	紫宽嘴鸫	*Cochoa purpurea*	Ⅱ				1
鹟科 Muscicapidae	211	栗腹歌鸲	*Larvivora brunnea*			√		
	212	金胸歌鸲	*Calliope pectardens*	Ⅱ		√		
	213	白腹短翅鸲	*Luscinia phoenicuroides*			√		
	214	红胁蓝尾鸲	*Tarsiger cyanurus*			√		2
	215	蓝眉林鸲	*Tarsiger rufilatus*			√		
	216	白眉林鸲	*Tarsiger indicus*			√		
	217	金色林鸲	*Tarsiger chrysaeus*			√		2
	218	蓝短翅鸫	*Brachypteryx montana*					2

续附表5

科名	序号	种名	拉丁名	新保护级别	保护级别	数据来源		
						调查	红外相机	资料
鹟科 Muscicapidae	219	鹊鸲	*Copsychus saularis*					1,2
	220	蓝额红尾鸲	*Phoenicuropsis frontalis*			√		
	221	黑喉红尾鸲	*Phoenicurus hodgsoni*			√		2
	222	北红尾鸲	*Phoenicurus auroreus*			√		2
	223	红尾水鸲	*Rhyacornis fuliginosus*			√		2
	224	白顶溪鸲	*Chaimarrornis leucocephalus*			√		2
	225	白尾蓝地鸲	*Myiomela leucurum*			√		
	226	紫啸鸫	*Myophonus caeruleus*			√		2
	227	小燕尾	*Enicurus scouleri*			√		1
	228	灰背燕尾	*Enicurus schistaceus*					1
	229	白额燕尾	*Enicurus leschenaulti*			√		
	230	斑背燕尾	*Enicurus maculatus*			√		
	231	黑喉石䳭	*Saxicola maurus*			√		
	232	灰林䳭	*Saxicola ferreus*			√		2
	233	蓝矶鸫	*Monticola solitarius*			√		2
	234	栗腹矶鸫	*Monticola rufiventris*			√		
	235	乌　鹟	*Muscicapa sibirica*			√		2
	236	褐胸鹟	*Muscicapa muttui*					1
	237	棕尾褐鹟	*Muscicapa ferruginea*			√		
	238	白眉姬鹟	*Ficedula zanthopygia*			√		2
	239	锈胸蓝姬鹟	*Ficedula sordida*			√		1
	240	橙胸姬鹟	*Ficedula strophiata*			√		2
	241	红喉姬鹟	*Ficedula albicilla*			√		
	242	棕胸蓝姬鹟	*Ficedula hyperythra*			√		
	243	灰蓝姬鹟	*Ficedula tricolor*					2
	244	铜蓝鹟	*Muscicapa thalassina*			√		2
	245	白喉林鹟	*Cyornis brunneata*	Ⅱ				1

续附表5

科名	序号	种名	拉丁名	新保护级别	保护级别	数据来源		
						调查	红外相机	资料
鹟科 Muscicapidae	246	山蓝仙鹟	*Cyornis banyumas*					1
	247	棕腹大仙鹟	*Niltava davidi*	Ⅱ		√		1
	248	棕腹仙鹟	*Niltava sundara*			√		2
	249	棕腹蓝仙鹟	*Niltava vivida*					2
戴菊科 Regulidae	250	戴　菊	*Regulus regulus*					2
啄花鸟科 Dicaeidae	251	红胸啄花鸟	*Dicaeum ignipectus*					2
花蜜鸟科 Nectariniidae	252	蓝喉太阳鸟	*Aethopyga gouldiae*			√		2
岩鹨科 Prunellidae	253	棕胸岩鹨	*Prunella strophiata*			√		1
	254	栗背岩鹨	*Prunella immaculata*			√		
雀科 Passeridae	255	山麻雀	*Passer cinnamomeus*			√		1
	256	树麻雀	*Passer montanus*			√		2
鹡鸰科 Motacillidae	257	山鹡鸰	*Dendronanthus indicus*					1,2
	258	黄鹡鸰	*Motacilla tschutschensis*			√		
	259	黄头鹡鸰	*Motacilla citreola*					2
	260	灰鹡鸰	*Motacilla cinerea*			√		2
	261	白鹡鸰	*Motacilla alba*			√		1,2
	262	田　鹨	*Anthus richardi*			√		
	263	树　鹨	*Anthus hodgsoni*			√		2
	264	粉红胸鹨	*Anthus roseatus*					1,2
	265	水　鹨	*Anthus spinoletta*					1,2
	266	山　鹨	*Anthus sylvanus*					1
燕雀科 Fringillidae	267	燕　雀	*Fringilla montifringilla*			√		2
	268	白斑翅拟蜡嘴雀	*Mycerobas carnipes*					1
	269	灰头灰雀	*Pyrrhula erythaca*			√		1,2
	270	暗胸朱雀	*Procarduelis nipalensis*					1

续附表5

科名	序号	种名	拉丁名	新保护级别	保护级别	数据来源		
						调查	红外相机	资料
燕雀科 Fringillidae	271	林岭雀	*Leucosticte nemoricola*					1,2
	272	普通朱雀	*Carpodacus erythrinus*					1,2
	273	曙红朱雀	*Carpodacus waltoni*			√		
	274	棕朱雀	*Carpodacus edwardsii*			√		2
	275	点翅朱雀	*Carpodacus rhodopeplus*					2
	276	酒红朱雀	*Carpodacus vinaceus*			√		
	277	白眉朱雀	*Carpodacus dubius*			√		
	278	红眉松雀	*Carpodacus subhimachala*					2
	279	金翅雀	*Chloris sinica*			√		2
	280	红交嘴雀	*Loxia curvirostra*	Ⅱ		√		
鹀科 Emberizidae	281	蓝　鹀	*Emberiza siemsseni*	Ⅱ		√		1,2
	282	灰眉岩鹀	*Emberiza godlewskii*			√		1,2
	283	栗耳鹀	*Emberiza fucata*					2
	284	小　鹀	*Emberiza pusilla*			√		2
	285	黄喉鹀	*Emberiza elegans*			√		2
	286	灰头鹀	*Emberiza spodocephala*					2

资料1：2004年《四川黑竹沟自然保护区综合科学考察报告》
资料2：《四川资源动物志》

附表6 四川黑竹沟国家级自然保护区哺乳动物名录

科名	序号	种名	拉丁名	新保护级别	保护级别	结果获得		
						调查	红外相机	资料
灵长目 Primates								
猴科 Cercopithecidae	1	猕猴	*Macaca mulatta*	Ⅱ	Ⅱ	√		1,2,3
	2	藏酋猴	*Macaca thibetana*	Ⅱ	Ⅱ	√	√	1,2
啮齿目 Rodentia								
松鼠科 Sciuridae	3	隐纹松鼠	*Tamiops swinhoei*			√	√	1,2,3
	4	岩松鼠	*Sciurotamias davidanus*			√	√	1,2,3
	5	泊氏长吻松鼠	*Dremomys pernyi*					1,2,3
	6	赤腹松鼠	*Callosciurus erythraeus*					1,2,3
	7	复齿鼯鼠	*Trogopterus xanthipes*				√	3
竹鼠科 Rhizomyidae	8	中华竹鼠	*Rhizomys sinensis*				√	1,2,3
仓鼠科 Cricetidae	9	凉山沟牙田鼠	*Proedromys liangshanensis*			√		
	10	黑腹绒鼠	*Eothenomys eleusis*			√		2,3
	11	大绒鼠	*Eothenomys miletus*					1,3
	12	中华绒鼠	*Eothenomys chinensis*			√		1,2,3
	13	西南绒鼠	*Eothenomys custos*			√		2,3
鼠科 Muridae	14	中华姬鼠	*Apodemus draco*			√		1,2,3
	15	大耳姬鼠	*Apodemus latronum*			√		1,3
	16	大林姬鼠	*Apodemus peninsulae*			√		3
	17	高山姬鼠	*Apodemus chevrieri*			√		1,2,3
	18	褐家鼠	*Rattus norvegicus*					1,2,3
	19	巢鼠	*Micromys minutus*			√		1,2,3
	20	大足鼠	*Rattus nitidus*					1,2,3

续附表6

科名	序号	种名	拉丁名	新保护级别	保护级别	结果获得		
						调查	红外相机	资料
鼠科 Muridae	21	黄胸鼠	*Rattus tanezumi*					1,2,3
	22	北社鼠	*Niviventer confucianus*			√		2
	23	川西白腹鼠	*Niviventer excelsior*					1,2
	24	小泡巨鼠	*Leopoldamys edwardsi*					1,2,3
	25	滇攀鼠	*Vernaya fulva*			√		
	26	青毛硕鼠	*Berylmys bowersi*					1
	27	针毛鼠	*Niviventer fulvescens*			√		
豪猪科 Hystricidea	28	豪猪	*Hystrix brachyura*			√	√	1,2,3
兔形目 LAGOMORPHA								
鼠兔科 Ochotonidae	29	藏鼠兔	*Ochotona thibetana*			√		1,2,3
兔科 Leporidae	30	托氏兔	*Lepus tolai*					2
猬形目 ERINACEOMORPHA								
猬科 Erinaceidae	31	鼩猬	*Neotetracus sinensis*			√		
鼩形目 SORICOMORPHA								
鼩鼱科 Soricidae	32	小纹背鼩鼱	*Sorex bedfordiae*			√		
	33	纹背鼩鼱	*Sorex cylindricauda*			√		1,2,3
	34	长尾鼩鼱	*Episoriculus caudatus*			√		
	35	灰麝鼩	*Crocidura attenuata*					1,2,3
	36	短尾鼩	*Anourosorex squamipes*			√		1,2,3
	37	长尾大麝鼩	*Crocidura fuliginosa*					1
	38	印度长尾鼩	*Episoriculus leucops*					1,2
	39	黑齿鼩鼱	*Blarinella quadraticauda*					2,3
	40	喜马拉雅水麝鼩	*Chimarrogale himalayica*					1,2,3
	41	蹼麝鼩	*Nectogale elegans*					2

续附表6

科名	序号	种名	拉丁名	新保护级别	保护级别	结果获得		
						调查	红外相机	资料
鼹科 Talpidae	42	长尾鼩鼹	*Scaptonyx fusicdudus*					1
	43	鼩鼹	*Uropsilus soricipes*					1,3
	44	等齿鼩鼹	*Uropsilus aequodonensis*			√		
	45	长吻鼹	*Euroscaptor longirostris*					1,2,3
翼手目 CHIROPTERA								
菊头蝠科 Rhinolophidae	46	短翼菊头蝠	*Rhinolophus lepidus*					1
	47	鲁氏菊头蝠	*Rhinolophus rouxii*					1,2
	48	皮氏菊头蝠	*Rhinolophus pearsoni*					1,2,3
	49	大耳菊头蝠	*Rhinolophus macrotis*					2
蹄蝠科 Hipposideridae	50	大蹄蝠	*Hipposideros armiger*					1,2,3
蝙蝠科 Vespertilionidae	51	灰伏翼	*Pipistrellus pulveratus*					1,2
	52	灰长耳蝠	*Plecotus austriacus*					2
	53	宽耳蝠	*Barbastella leucomelas*					1,2
	54	水鼠耳蝠	*Myotis daubentonii*					1
食肉目 CARNIVORA								
猫科 Felidae	55	豹猫	*Prionailurus bengalensis*	Ⅱ			√	1,2,3
	56	金猫	*Catopuma temmincki*	Ⅰ	Ⅱ	√		1,2,3
灵猫科 Viverridae	57	花面狸	*Paguma larvata*				√	2,3
	58	大灵猫	*Viverra zibetha*	Ⅰ	Ⅱ		√	1,2,3
	59	小灵猫	*Viverricula indica*	Ⅰ	Ⅱ			1,3
	60	斑灵狸	*Prionodon pardicolor*	Ⅱ	Ⅱ			2,3
犬科 Canidae	61	狼	*Canis lupus*	Ⅱ				1,2,3
	62	赤狐	*Vulpes vulpes*	Ⅱ			√	1,2,3
	63	豺	*Cuon alpinus*	Ⅰ	Ⅱ			1,2,3
熊科 Ursidae	64	大熊猫	*Ailuropoda melanoeuca*	Ⅰ	Ⅰ	√	√	1,2,3
	65	黑熊	*Ursus thibetanus*	Ⅱ	Ⅱ	√	√	2,3

续附表6

科名	序号	种名	拉丁名	新保护级别	保护级别	结果获得		
						调查	红外相机	资料
鼬科 Mustelidae	66	猪獾	*Arctonyx collaris*			√	√	2,3
	67	狗獾	*Meles leucurus*			√	√	
	68	黄喉貂	*Martes flavigula*	Ⅱ	Ⅱ	√	√	2,3
	69	鼬獾	*Melogale moschata*					1,2,3
	70	水獭	*Lutra lutra*	Ⅱ	Ⅱ			1,2,3
	71	黄腹鼬	*Mustela kathiah*				√	1,3
	72	黄鼬	*Mustela sibirica*				√	1,2,3
小熊猫科 Ailuridae	73	小熊猫	*Ailurus fulgens*	Ⅱ	Ⅱ	√	√	1,2,3
偶蹄目 Artiodactyla								
猪科 Suidae	74	野猪	*Sus scrofa*			√	√	1,2,3
麝科 Moschidae	75	林麝	*Moschus berezovskii*	Ⅰ	Ⅰ	√	√	1,2
鹿科 Cervidae	76	小麂	*Muntiacus reevesi*					1,2,3
	77	毛冠鹿	*Elaphodus cephalophus*				√	1,2,3
	78	水鹿	*Rusa unicolor*	Ⅱ	Ⅱ			1,2,3
牛科 Bovidae	79	中华鬣羚	*Capricornis milneedwardsii*	Ⅱ	Ⅱ	√	√	
	80	中华斑羚	*Naemorhedus goral*	Ⅱ	Ⅱ	√		2,3
	81	岩羊	*Pseudois nayaur*	Ⅱ	Ⅱ			1,2,3
	82	羚牛	*Budorcas taxicolor*	Ⅰ	Ⅰ			2

资料1：2004年《四川黑竹沟自然保护区综合科学考察报告》
资料2：《四川省黑竹沟自然保护区兽类资源调查》（刘洋，等）
资料3：《四川资源动物志》